BIERLASTER
im Wandel der Zeit

Impressum

HEEL Verlag GmbH
Gut Pottscheidt
53639 Königswinter
Telefon 0 22 23 / 92 30-0
Telefax 0 2223/923026
Mali: info@heel-verlag.de
Internet: www.heel-verlag.de

Verantwortlich für den Inhalt:
Matthias Röcke, Sinzig
Lektorat:
Joachim Hack

Satz und Gestaltung:
Muser Medien GmbH, Mannheim
Christine Mertens

Lithographie:
Muser Medien GmbH, Mannheim
Fred Klöpfel

Druck: Finidr s.r.o.
Printed in Czech Republic
ISBN: 978-3-86852-212-9

Matthias Röcke

BIERLASTER
im Wandel der Zeit

HEEL

KRUPP

SCHNELLASTWAGEN

sind ausgezeichnete Helfer bei der unmittelbaren Versorgung eines umfangreichen Abnehmerkreises. Schnell und zuverlässig in jedem Gelände, im Betriebe äußerst wirtschaftlich.

Sechszylinder-Blockmotoren mit erheblicher Kraftreserve: augenblickliches Anfahren, rasche Beschleunigung und hohe Elastizität.

Niedriges Eigengewicht, dabei unerreicht lange Lebensdauer durch „Krupp-Stahl".

Besonders lange und breite, weiche Federn, in Gummi gelagert. Gleichmäßig wirkende Vierrad-Öldruckbremse mit kürzesten Bremswegen.

Offene und geschlossene, feste oder kippbare Aufbauten für 3 bis 5 t Nutzlast.

Vertretungen
an allen größeren Plätzen.

FRIED. KRUPP A. G. + ESSEN
ABT. KRAFTWAGENBAU

INHALT

BRAUEREI DINKELACKER
SCANIA-VABIS
A13051
DER 300 000 STE
MERCEDES-BENZ LKW
Eichbaum
Eichbaum BIERE
MA 04238

Zur Einführung

Brauereien zählten in den ersten Jahrzehnten des Lastkraftwagens zu den wenigen größeren Kundenstämmen der Hersteller, wie Archivbestände belegen. Dabei war es wohl nicht unbedingt so, dass die Brauereien dem neuen Transportmittel aus Technikbegeisterung vertrauten. Vielmehr hatten sie genau nachgerechnet, die Kosten des Lastwagens mit denen des Pferdefuhrwerks verglichen und zudem größere Reichweiten des Transports eingeplant. Aus diesem Anfang ist bis heute eine schier endlose Reihe stattlicher Brauereifahrzeuge geworden, die auf sympathische Weise für ihr Bier werben und wie nebenbei die Entwicklung des Lastwagens über 104 Jahre dokumentieren.

Es hat eine besondere Faszination, wenn sich wie hier zwei industriegeschichtliche Linien miteinander verbinden. Dieses Buch schildert die technische Entwicklung des Lastwagens und seine Rolle im Transportwesen vom Ende des 19. Jahrhunderts bis heute und die Veränderungen im Brauwesen bei der innerbetrieblichen Logistik. Bei den Lastwagen und Transportern geht es um steigende PS-Zahlen und Nutzlasten, Entwicklungen im Design, in der Fahrsicherheit und bei der Umweltverträglichkeit, bei den Brauereien um das leichtere Fass, neue Bierkästen, die Palette und den Gabelstapler und nicht zuletzt um den fein ausgetüftelten Spezialaufbau für den Getränketransport.

Die Arbeit an diesem Buch gestaltete sich hochinteressant und hat viel Freude bereitet. Unverzichtbare Grundlage war hilfreiche Unterstützung in Archiven, von Fotografen aus der Nutzfahrzeugszene und Mitarbeiterinnen und Mitarbeitern verschiedener Brauereien. Durch ihre Zuarbeit auf besondere Weise unterstützt haben das Buch Uwe Heintzer vom Konzernarchiv der Daimler AG, Karl-Heinz Kellner von Historischen Archiv MAN-Nutzfahrzeuge, Nancy Bodden vom Westfälischen Wirtschaftsarchiv Dortmund, Ralf Maile, Kenner der Unimog-Historie und Ludger Hiller von der Radeberger Brauerei. Ihnen und den vielen anderen, die Bilder zur Verfügung stellten und Fragen beantworteten, sei herzlich gedankt.

Matthias Röcke,
Januar 2010

DORTMUNDER
THIER-BRÄU
BR 37-3406

Ein Bild des Wirtschaftswunders: Das Auto des Chefs, ein Mercedes 170 Sb, vor einer Reihe von Mercedes-Benz L 3500 der Dortmunder Thier-Brauerei.
Foto: Daimler AG Archive und Sammlung.

Die frühen Jahre des Lastwagens – Brauereien leisten Starthilfe

Biertransport und der Lastkraftwagen mit Verbrennungsmotor gehören zusammen, seit es dieses Nutzfahrzeug gibt. Denn als sich das Automobil auch als Transportmittel empfiehlt, kommt es zunächst nur für den Verteilerverkehr in Frage, sämtliche Fernstrecken sind zum Ende des 19. Jahrhunderts auf Grund der technischen Gegebenheiten allein der Bahn vorbehalten, kleine Entfernungen bis dahin dem Pferdefuhrwerk. Und kleine Entfernungen sind typisch für das Brauwesen jener Zeit. Regionale Brauereien kennen ohnehin nur kurze Strecken und auch die großen Versandbrauereien brauchen, wenn sie nicht über einen eigenen Bahnanschluss verfügen, leistungsfähige Fahrzeuge für den Weg bis zur Bahnverladung. Brauereien haben seinerzeit übrigens die größten Tonnagen im Verteilerverkehr, noch vor den Ziegeleien mit ihrer schweren Fracht!

Den frühen Lastwagen mit lediglich einer Nutzlast heutiger Lieferwagen und Klein-Lkw fallen generell diese zwei Einsatzfelder zu: Stückgut vom Bahnhof zum Empfänger beziehungsweise vom örtlichen Produzenten zum Bahnhof zu bringen („Bahnamtliche Rollfuhr"), gegebenenfalls auch zum Binnenhafen oder aber die Waren lokaler Produzenten in der Region zu verteilen. Dies ist sehr stark das Feld der Brauereien, arbeitet doch zu jener Zeit (wie heute wieder in wachsender Zahl) ein großer Teil von ihnen ausschließlich regional. Als der Lastkraftwagen verfügbar wird, haben die Brauereien eine intensive Phase der Industrialisierung hinter sich. Ab Mitte des 19. Jahrhundert hatten sie sich zu einem guten Teil von Hausbrauereien zu industriell arbeitenden Braustätten gewandelt.

Der erste Lastwagen mit Verbrennungsmotor ist klar datiert auf das Jahr 1896. Gottlieb Daimler, neben Carl Benz einer der beiden großen Automobilpioniere, ist schneller als sein damaliger Konkurrent. 1,5 Tonnen Nutzlast, 4 PS, Ritzelantrieb (Kettenantrieb zum inneren Zahnkranz der Hinterräder), den 1060 cm^3 großen Zweizylinder hinten am Rahmen befestigt und schon rein äußerlich ganz klar nichts anderes als ein umgebauter Gespann-Güterwagen – so zeigt sich der Erstling der skeptischen Kundschaft. Die nutzt Pferdefuhrwerke – Dampfwagen zur Lastenbeförderung sind zwar seit rund 60 Jahren bekannt, aber nicht sehr verbreitet. Dass der erste Daimler nach England geht wie auch die folgenden Serien, liegt wohl an der größeren Aufgeschlossenheit gegen-

So fängt alles an: Der erste Lastwagen von Gottlieb Daimler erscheint 1896 und ist nichts Anderes als ein umgebauter Gespann-Güterwagen mit Motor. Der Zweizylinder leistet vier PS, die Kraftübertragung erfolgt über Riemen. Nutzlast und Eigengewicht sind mit je 1500 Kilogramm gleich.
Foto: Daimler AG Archive und Sammlung

Einen wichtigen Schritt zum „richtigen" Lastwagen vollzieht Daimler zwei Jahre später. Der Motor sitzt vorn, die Nutzlast ist auf fünf Tonnen angewachsen, das Getriebe arbeitet über Zahnräder. Der Motor leistet bereits 10 PS und schafft eine Höchstgeschwindigkeit von 16 km/h sowie eine Steigung von maximal 12 Prozent. Kunde ist die Kipke-Brauerei in Breslau. Foto: Daimler AG Archive und Sammlung

Dieses Bild macht deutlich, wie mühselig Auslieferungsfahrten in der Zeit um 1901 gewesen sein müssen. Die Straße ist schlecht, die Vollgummireifen rollen hart ab und das Dach des Benz-5-Tonners schützt den Fahrer nur vor Nässe von oben. Das Frankenthaler Brauhaus (seit 1858) war damals dennoch stolz auf seinen Lastzug. Foto: Daimler AG Archive und Sammlung

Das Pferdefuhrwerk als Konkurrent zum Lastwagen hält sich wacker bis weit in die 1930er Jahre. Das Foto des Tuttlinger Gespanns stammt von 1927. In der Remise der Brauerei Schwabenbräu (siehe Seite 114) stehen einige Jahre später Fuhrwerk und Lkw friedlich nebeneinander. Die Werbeanzeige ist der „Tageszeitung für Brauerei" entnommen.
Fotos: Brauerei Fürstenberg, Privatbrauerei Dinkelacker-Schwaben Bräu, Abbildung: Westfälisches Wirtschaftsarchiv Dortmund

über neuer Technik im Land der frühen Industrialisierung. Im Deutschen Reich hat es das „Fuhrwerk mit Explosionsmotor“ für rund zehn bis zwölf Jahre noch sehr schwer. Brauereien zählen aber generell zu den ganz frühen Kunden. Nach Unterlagen aus dem Konzernarchiv der Daimler AG waren von 27 bis Ende 1898 ausgelieferten Lastwagen 13 „Bierwagen“.

Schon 1897 hat Daimler sein Lastwagenprogramm um eine große Variante mit 10 PS Leistungsausbeute und fünf Tonnen Nutzlast erweitert. Ein Jahr später geht der Lastwagen-Pionier ab von der Verwendung des Pferdewagens als Basis und verlegt den Motor bei ähnlicher Grundtechnik nach vorn. Zwölf PS stellen nun das Maximum dar – erstaunlich wenig, verfügen doch die stärksten Personenwagen jener Jahre über gleich hohe oder gar höhere Leistungen. Tatsächlich verläuft der technische Fortschritt im Lastwagen sehr langsam. Die exklusive Kundschaft der Personenwagen ist an neuen Spitzenwerten interessiert, will schneller fahren und mehr Bequemlichkeit, die Käufer der Lastwagen haben nur Rentabilität im Sinn. Ein robust gebauter Eisenrahmen in U-Form, kräftige Quertraversen zur Aufnahme von Motor und Getriebe, eine einfache Eisenbereifung und Konus-Kupplungen (Zusammenführung von Achse und Radnabe), Riemenantrieb, Ritzelantrieb oder Kettenantrieb auf die Hinterräder bilden den Standard. Die niedrigen Höchstgeschwindigkeiten von 18 bis 20 km/h sind immer noch höher als die der Pferdefuhrwerke, so dass beispielsweise Brauereien ihr Einzugsfeld durch Direktbelieferung erweitern können. Die Hauptrolle spielen aber die Unterhaltskosten, sie müssen in der betriebswirtschaftlichen Gesamtrechnung günstiger sein als die des Pferdefuhrwerks. Gerade Brauereien mit ihrem großen Pferdebestand rechnen hier genau nach und zählen wohl auch deshalb zu den frühen Kunden.

Konkurrent Pferdefuhrwerk: Vergleich von Kosten und Effizienz

In einer Auflistung aus den ersten Jahren des 20. Jahrhunderts legt die Daimler-Motoren-Gesellschaft, die ihre Lastwagen inzwischen nicht mehr in Bad Cannstatt sondern in Berlin-Marienfelde baut, der Kundschaft den Schritt zum Lastwagen nahe: Die Werbeschrift „Betriebskosten für Lastfuhrwerk mittels Pferden und Motorlastwagen“ errechnet für den Pferdebetrieb (4 Gespanne à 20 km Lastfahrt mit 4 t)

Fototermin in der Kraftfahrzeugwerkstatt der Dortmunder Actien Brauerei (siehe Seite 124) um das Jahr 1912: Ersatzteile sind fein säuberlich aufgestellt, der Boden ist gefegt. Hinten steht ein Lkw von DAAG. Foto: Westfälisches Wirtschaftsarchiv Dortmund

Radeberger Pilsner

Bereits in den Hintergrund gedrängt sind die Pferdefuhrwerke um das Jahr 1908, zumindest auf diesem stimmungsvollen Bild der Radeberger Exportbierbrauerei (siehe Seite 124). Die beiden Lkw sind Daimler von 1906 (5-Tonner) und 1908 (Typ DM 5).
Foto: Archiv Radeberger Exportbierbrauerei

Nachkolorierte Prospektzeichnung für den neuen Bier-Lastwagen: Daimler wirbt mit allen spezifischen Merkmalen wie Leistung, Höchstgeschwindigkeit und der Fähigkeit, Steigungen zu bewältigen – und auch die Patentnummer darf nicht fehlen.
Foto: Daimler AG Archive und Sammlung

Ein 5-Tonner von MAN, ausgeführt mit einem speziellen Aufbau zum Transport von Flaschenbier. Besitzer Spatenbräu weist eigens auf seine „Schützmarke" hin. Die Spatenbrauerei in München gibt es schon seit 1397! Foto: Historisches Archiv MAN Nutzfahrzeuge

Eine frühe Form des Frontlenkers stellt dieser Büssing-Lastwagen für die Ulmer Brauerei Gesellschaft aus dem Jahre 1911 dar. Heinrich Büssing baut seit 1903 Lastwagen und hat sich schnell auf dem Markt etabliert.
Foto: Hist. Archiv MAN Nutzfahrzeuge, Abbildung: Westfälisches Wirtschaftsarchiv Dortmund

1915 tritt die Maschinenfabrik MAN in den Markt ein – mit Lizenzen von Saurer aus der Schweiz. Der 3-Tonner von Ankerbräu Nördlingen (seit 1608) stammt aus dem Jahr1921, als MAN bereits allein agiert, die Fahrzeuge aber noch auf der Saurer-Lizenz fußen.
Foto: Hist. Archiv MAN Nutzfahrzeuge

Dieser Magirus 2,5-Tonner von 1925 hat es nicht weit von der Auslieferung bis zum Kunden, der Brauerei Gold-Ochsen in Ulm (gegründet 1597). Regionale Brauereien zählen zu dieser Zeit bei allen Herstellern stets zu den ersten Kunden. Foto: Hist. Archiv Iveco-Magirus

20,8 Pfennige pro Kilometer und Tonne, für den Lastwagen 13,2 Pfennige. Dabei sind die Anschaffungskosten für den Pferdebetrieb niedriger. Neun Pferde kosten nach der „Rentabilitäts-Berechnung für Massengüter-Beförderung" 7200 Mark, vier Pferdeanhänger 5200 Mark, acht Pferdegeschirre 800 Mark, zwei Motorlastwagen dagegen 27.600 Mark. Unter dem Strich kommen bei dieser Rechnung ähnlich hohe Kosten heraus – Futter und Benzin beispielsweise halten sich die Waage, zwei Fahrer werden im Lastwagen-Betrieb eingespart –, den Ausschlag gibt die Transportleistung: Die vier Pferdefuhrwerke schaffen im Jahr 96.000 Tonnenkilometer, die zwei Lastwagen 151.200 Tonnenkilometer. Da die Nutzlast eines Lastwagens gegenüber zwei Fuhrwerken lediglich um 25 Prozent höher liegt, gehen rund 30.000 Tonnenkilometer dieser Rechnung auf das Konto nun möglich gewordener größerer Entfernungen. Eine weitere Rechnung, ebenfalls um das Jahr 1913: Ein Pferdefuhrwerk schafft 22 Fässer à 75 Kilogramm, ein Lastzug 125 Fässer, das Fuhrwerk ist 5,5 km/h schnell, der Lkw 18 km/h. Diese Schere öffnet sich mit höheren Motorleistungen immer mehr zu Gunsten des Lastwagens, bis er in den späten 1920er Jahren sogar mit der Eisenbahn konkurrieren kann. Trotz auf der Hand liegender Vorteile verkaufen sich die Lastkraftwagen aber nicht leicht, denn vor allem kleinere Brauereien scheuen natürlich bei vorhandenem Pferdefuhrwerkbetrieb die hohen Anschaffungspreise für Lastwagen.

Schon früh legen die Lkw-Hersteller Wert auf die Spezifikation der Aufbauten. Feuerwehrfahrzeuge und Omnibusse, Möbeltransportwagen und einfache Pritschenwagen lassen sich parallel gut verwirklichen. Für den Biertransport bewähren sich nach innen geneigte Ladeflächen zur Aufnahme der Fässer. Und schon ab etwa 1905 gibt es spezielle Flaschenbierwagen. Sie haben einen geschlossenen Aufbau und auf dessen Dach ein Gepäckgitter, auf dem sich nochmals Bierkästen auftürmen lassen, den im Freien sitzenden Fahrer weit überragend.

Kleiner Lastwagen von Magirus aus dem Jahre 1921, Nutzlast 1,5 Tonnen. Seit 1904 bietet der etablierte Hersteller von Löschtechnik aus Ulm auch Lkw an, vorerst nur bis zu einer Nutzlast von 2,5 Tonnen.
Foto: Hist. Archiv Iveco-Magirus

In Großbritannien hatte die Kundschaft die Vorzüge des Lastwagens mit Benzinmotor schneller erkannt als anderswo. Hier ein Daimler mit drei Tonnen Nutzlast und 12 PS starkem Zweizylindermotor aus dem Jahre 1903. Der Beifahrer hat wohl nur für das Foto auf den Fässern Platz genommen, immerhin wartet vorn ein leicht gepolsterter Platz auf ihn.
Foto: Daimler AG Archive und Sammlung

Der Daimler-Lastwagen DM 5 von 1908 zählt bereits zu den vom Militär geförderten Subventionslastwagen. Sein Vierzylindermotor leistet 35 PS, die Nutzlast beträgt fünf Tonnen. Zahlreiche Brauereien ordern ihn, mit ganz unterschiedlichen Aufbauten, wie diese vier Beispiele zeigen.
Foto: Daimler AG Archive und Sammlung

Eine andere Lösung stellen hohe Kastenwände und Aufsatzbretter dar, damit die vielteilige Ladung auch im oberen Bereich gesichert bleibt.

Zunehmend muss sich die Verkaufsabteilung der Daimler-Motorengesellschaft nicht nur gegen die Pferdefuhrwerke, sondern auch gegen wachsende Konkurrenz aus der eigenen Branche wehren. Die Motorfahrzeug- und Motorenfabrik Marienfelde in Berlin kommt 1898 hinzu (1900 von Daimler übernommen), Carl Benz baut seinen ersten Lastwagen im Jahre 1900, 26 Jahre vor der Fusion der beiden Betriebe zur Daimler-Benz AG. Büssing in Braunschweig tritt 1903 auf den Plan. Magirus in Ulm folgt ein Jahr später, hat sich da als Hersteller von Löschtechnik aber bereits etabliert. Sehr früh auf den Markt, nämlich schon 1901, kommt Dürkopp in Bielefeld (1929 wurde dort die Lkw-Produktion wieder eingestellt). Die Hannoversche Maschinenbau AG (Hanomag) beginnt 1905, die NAG im Jahre 1903 (die Firma geht 1931 in Büssing auf) und die Fahrzeugfabrik Eisenach 1904 (später Dixi, Vorläufer des Pkw-Werkes von BMW und von Wartburg in der DDR). Ebenfalls 1904 tritt die Süddeutsche Automobilfabrik Gaggenau an (SAG, ab 1907 unter dem Dach von Benz). Als Lizenznehmer von Saurer in der Schweiz reiht sich MAN im Jahre 1915 in die Herstellerliste ein. In dieser Zeit entwickelt sich in allen wichtigen Industriestaaten der Bau von Lastwagen für Benzinmotoren, für eine gewisse Zeit in heftiger Konkurrenz zu den Dampf- und den Elektrolastwagen. Der erste Anbieter in Großbritannien benötigte zunächst Starthilfe aus Deutschland: 1896 entsteht die British Daimler Motor Company. Von den in Großbritannien sehr zahlreichen Herstellern von Dampflastwagen stellen in den ersten Jahren des 20. Jahrhunderts Leyland und Thornycroft auf Benzinantrieb um. Berliet in Frankreich, 1902 gegründet und bis 1978 selbständig, steuert 1906 seinen ersten Lastwagen bei, Konkurrent Panhard & Levassor bereits im Jahre 1900 (Panhard geht in den 1960er Jahren in Citroën auf). In der Schweiz treten die heute nicht mehr existenten Marken Berna und Saurer 1903 an, in Österreich ein Saurer-Ableger 1906. Die große schwedische Lkw-Tradition begründen 1903 parallel Scania und Vabis (1911 vereint).

Brauereien als heftig umworbene Kundschaft

Die Marktdurchdringung des Lastwagens geht in Deutschland nur langsam voran, auch wenn die Brauereien zu den Vorreitern zählen. Schon 1899 hat beispielsweise die Versuchs- und Lehranstalt für Brauerei einen Daimler-Lkw zu Testzwecken übernommen. Die im Westfälischen Wirtschaftsarchiv aufbewahrten Bände der „Tageszeitung für Brauerei" dieser Versuchs- und Lehranstalt geben darüber Auskunft – eine insgesamt höchst aufschlussreiche Quelle zur Entwicklung der Brauindustrie in allen ihren Facetten. Noch im Jahre 1907 sind nur knapp 1000 Lastwagen im Deutschen Reich zugelassen. Wie wichtig die Brauindustrie für die Lkw-Hersteller dabei ist, belegt ein Prospekt der Daimler-Motoren-Gesellschaft aus dem Jahre 1925, also

Zwei unterschiedlich ausgeführte Rungenwagen von Daimler aus dem Jahre 1907. Außer im Aufbau unterscheiden sie sich auch in der Bereifung. Das Duisburger Fahrzeug läuft auf Vollgummireifen, das andere auf Eisenreifen. Auffällig die unmittelbar auf die Reifen wirkende Klotzbremse.
Foto: Daimler AG Archive und Sammlung

unmittelbar vor der Fusion mit Benz: „Dieses erhöhte Interesse der Brauereien am Nutzkraftwagen-Betrieb und seiner Weiterentwicklung fand seinen Ausdruck auch darin, dass von den 1908 bis 1913 staatlich subventionierten 825 Lastwagen allein 340 Fahrzeuge = 41 % auf Brauereien entfielen. Dieser Anteil hat sich seitdem eher noch erhöht, da schätzungsweise nahezu die Hälfte aller Lastkraftwagen für drei und mehr Tonnen Nutzlast im Brauereidienst beschäftigt sind." Zur Einordnung dieser Zahlen: 1913 gab es 10.212 Brauereien in Deutschland!

Die in dem Werbetext angesprochene Subventionierung bedeutet bis zum Ausbruch des Ersten Weltkrieges einen starken Rückenwind für die Industrie. Das Militär hat die Entwicklung des Lastwagens genau beobachtet und setzt ganz klar auf das neue Transportmittel – die Politik erfindet den erwähnten Subventionslastwagen. Wer einen kauft, bekommt einen Teil der Investition zurück, muss das Fahrzeug dann aber im Kriegsfall der Armee zur Verfügung stellen. Auch in anderen Ländern wird so verfahren, zum Beispiel in Großbritannien.

Das deutsche Heer verlangt für seine Subvention von immerhin 4000 Reichsmark für die Anschaffung (bei einem Kaufpreis von rund 14.000 Reichsmark) und 1000 Reichsmark jährlich für den Unterhalt für einen Zeitraum von fünf Jahren Lastwagen mit einer Nutzlast von vier Tonnen und mit der Fähigkeit, einen Anhänger mit zwei Tonnen Nutzlast über eine Steigung von zwölf Prozent zu ziehen. Fünf Jahre lang muss das Fahrzeug für eine Mobilmachung zur Verfügung stehen. 1908 beginnt die Lieferung, bis 1911 sind es insgesamt schon 599 Exemplare, wovon 145 Daimler, 118 Büssing, 89 NAG, 69 SAG und 35 MULAG lieferten. Abgewickelt wird die Förderung über das Königlich Preußische Kriegsministerium, nachdem zuvor die Königliche Versuchsabteilung der Verkehrstruppen jeden einzelnen angemeldeten Lkw-Typ als „kriegsbrauchbar" anerkannt hat. Zu den Subventionslastwagen, die samt Fahrer eingezogen werden, kommen in großer Zahl Fahrzeuge, die in den vier Kriegsjahren direkt an das Heer geliefert werden, insgesamt mehr als 36.000. Der Segen vom Staat gestützter oder direkt getätigter Käufe sollte sich übrigens nach dem Krieg schnell in einen

Kriegsbrauchbar musste der Bierlastwagen sein – das brachten die Verhältnisse vor dem Ersten Weltkrieg mit sich. Eine Werbezeichnung von Daimler aus dem Jahre 1908 mit dem maßgeblichen Hinweis. Foto: Daimler AG Archive und Sammlung

Seit 1900 baut auch Daimler-Konkurrent Carl Benz Lastwagen, seit 1907 im Werk der früheren Süddeutschen Automobilfabrik Gaggenau (SAG). Hier eine Auswahl Benz-Lkw aus dem Jahre 1910, 2-3-Tonner 30 PS (rechte Seite Mitte), der 3,5-Tonner für die Loewenbrauerei Neu-Ulm (1814 – 1979) sowie die 5-Tonner, die bereits 45 PS bei einem Hubraum von 8590 ccm leisteten.
Foto: Daimler AG Archive und Sammlung

Das Tagewerk kann beginnen, Fahrer und Bremser sind bereit: Der 4,5-Tonner von Daimler der Berliner Brauerei Schultheis und Patzenhofer ist bis oben hin bestückt mit Fassbier und Flaschenbier.
Foto: Daimler AG Archive und Sammlung

Brauerei Armbruster & Cie A.G. Offenburg
Gaggenau
1235

Brauerei Heinrich Kgl. Hofl.
Benz Werke Gaggenau
1209

I A
12960
ENHOFER
12960
SCHULTHEISS-PATZENHOFER

Fluch für die Hersteller verwandeln, denn die übrig gebliebenen Subventions- und Kriegslastwagen verstopften den ohnehin von schwacher Nachfrage geprägten Markt.
Ein solcher Lkw aus dem Jahre 1908 verfügt in der Regel über eine Leistung um 30 PS aus einem Reihenvierzylindermotor, hat Kettenantrieb auf die Hinterräder, ein Vierganggetriebe und eine außen angebrachte Kulissenschaltung. Bei kleineren Typen wird auch schon der Kardanantrieb angewendet, Daimler hält dagegen noch sehr lang am Ritzelantrieb fest. Diese Technik, die die Kraft über Zahnräder direkt im Hinterrad überträgt, und der Kettenantrieb auf die Hinterachse haben bis 1926 mehr oder weniger ausgedient. Das Gesamtgewicht der größeren Lastwagen beträgt bei vier Tonnen Nutzlast rund acht Tonnen. Der Fahrer sitzt wenig bequem, zwar unter einem festen Dach, aber meist ohne seitlichen Wetterschutz. Langsam sind die Lastwagen immer noch, eine Höchstgeschwindigkeit von 20 km/h gilt als üblich, man fährt noch auf Vollgummireifen, in der Regel immerhin nicht mehr auf Eisenreifen.

ZAHLEN ZUM BIER

DEUTSCHES REICH 1913

Bierverbrauch pro Kopf:	102,1 l
Bierausstoß insgesamt:	69.200*
Bierausstoß pro Braustätte:	6,77*
Anzahl der Braustätten:	10.212

**Bierausstoß in 1000 hl*

Einsatzfeld für den Elektrolastwagen

Eine weitere Alternative für den Verteilerverkehr entwickelt sich allmählich und erwächst gerade in der Brauwirtschaft zu einer Konkurrenz für den Lastwagen mit Verbrennungsmotor: Der Elektrolastwagen erweist sich in den 1920er Jahren als kostengünstiger gegenüber Fuhrwerk und Benzinlastwagen. Er verdrängt das Pferdefuhrwerk aus dessen ureigenstem Terrain, den absoluten Kurzstrecken, und macht hier auch den Einsatz des Benzinlastwagens wirtschaftlich fragwürdig. Die generellen Vorzüge des Elektroantriebs wie das schonende Anfahren, die gute Beschleunigung und der leise Lauf gelten etwas in der Brauwirtschaft, zumindest im dichten Stadtverkehr bei der Zustellung des Flaschenbiers. Die Höchstgeschwindigkeit mit Werten zwischen Fuhrwerk und

Lange Zeit eine Alternative mit kleineren Motorlastwagen ist das Elektroauto. Oben ein Lkw der Dortmunder Actien Brauerei, darüber ein Transporter der Maschinenfabrik Esslingen, unterwegs für das Stuttgarter Schwabenbräu.
Fotos: Westfälisches Wirtschafsarchiv Dortmund, Privatbrauerei Dinkelacker-Schwaben Bräu

Frisch beladen und bereit zur Abfahrt steht der Benz 5-Tonner der Binding-Brauerei in Frankfurt/Main auf dem Hof. Vollgummireifen sollen die Fässer so gut es geht von den Folgen der Erschütterungen während der Fahrt bewahren. Die Brauerei existiert seit 1870.
Foto: Daimler AG Archive und Sammlung

Die Kunst des Ladens muss man verstehen – oder das Glück des Tüchtigen haben. Die beiden 4,5-Tonner von Daimler von 1912, eingesetzt in Großbritannien, sind recht optimistisch mit Fässern „befüllt“. Foto: Daimler AG Archive und Sammlung

Eine stattliche Reihe von 20 neuen Benz-Lastwagen, aufgestellt kurz vor der Auslieferung – darunter auch einige Brauereifahrzeuge wie das ganz vorn für die Aktienbrauerei Rettenmeyer aus Stuttgart.
Foto: Daimler AG Archive und Sammlung.

Aktienbrauerei Rettenmeyer Stuttgart
1
SAG

Motorlastwagen reicht aus ebenso wie die Reichweite mit einer Batterieladung von rund 50 Kilometern. Auf kurzen Strecken und besonders bei geringer Nutzlast läuft der Elektrolastwagen preisgünstiger als ein Fahrzeug mit Verbrennungsmotor. Das hat Dr. Karl-Peter Ellerbrock, der Leiter des Westfälischen Wirtschaftsarchivs in Dortmund, im Rahmen seiner Forschungstätigkeit ermittelt. Eine große Rolle bei der Rentabilitätsberechnung spielen allerdings die Kaufpreise, in den 1920er Jahren beispielsweise lagen diese für beide Gattungen zwischen 13.000 und 14.600 Reichsmark – ein hoher Betrag für eine kleine Brauerei. Die Zahl der Anbieter von Elektrolastwagen ist durchaus respektabel. Sieben zählt das Archiv für deutsche Postgeschichte in einer Veröffentlichung für das Jahr 1921 auf: Hansa-Lloyd, Bremen, Automobil- und Akkumulatoren-Bau-Gesellschaft, Berlin, Elitewagen AG Berlin, Bergmann, Berlin, Mattes & Co, Ulm und Adolf Bleichert, Berlin.

Mehr Ladung schneller transportieren, diesen Weg schlagen die Lkw-Entwicklungsabteilungen in den frühen 1920er Jahren ein. Jetzt verlangt der Markt allmählich danach, sowohl im Lieferverkehr in der Stadt wie auch bei den Transportleistungen über große Entfernungen. Höhere PS-Zahlen kennt man bereits von den Personenwagen. Ging bislang vorsichtshalber Zuverlässigkeit vor Geschwindigkeit, wagen sich die Motorenbauer allmählich auch im Lastwagen an Leistungen bis zu 60 PS, kombiniert mit Viergang- Getriebe. Immer noch sind es Reihenvierzylinder zur Verwendung von Benzin. Fortschritte erreicht man beim „Abspecken" der sehr massiv ausgefallenen Fahrgestelle. Auch der sich nun allmählich vollziehende Wechsel von Vollgummireifen auf Luftreifen spart Gewicht – und bringt außerdem eine gerade für Brauereien sehr wichtige Schonung des Ladegutes, die man bis dahin nicht gekannt hat. Die Hartgummireifen hatten zwar den Vorzug hoher Haltbarkeit und damit der besseren Wirtschaftlichkeit, weshalb sie auch noch lange verwendet werden – den ersten luftbereiften Lastwagen hatte es schon 1902 in Großbritannien gegeben. Die kurioserweise auch Elastikreifen genannten Vollgummireifen rollen aber wie starre Walzen, verursachen starke Erschütterungen und strapazieren beim Überfahren kleiner Hindernisse Fahrzeuge und Bodenbelag extrem. Mit den Luftreifen sind also mehrere Missstände auf einmal beseitigt, wenn auch neue Nachteile hinzukommen wie der größere Verschleiß und die sprichwörtliche Reifenpanne. Für Brauereien, die viel schwere Ladung per Hand be- und entladen müssen, kommt außerdem die Entwicklung von Niederrahmenfahrgestellen gerade recht. Gedacht sind sie zwar in erster Linie für Omnibusse, sie bewähren sich aber auch auf den Routen der Brauereien. Den besten Weg jedoch, mehr Ladung schneller zu transportieren, stellt das verlängerte Fahrgestell dar. Der Dreiachser wird konzipiert und damit taucht für den Langstreckenverkehr erstmals eine Alternative zur Bahn auf.

Löwenbräu gibt es nicht nur in Bayern. Dieser Benz Typ 5K 3 geht 1923 an die Brauerei Mohr in Trier, die ebenfalls ein Löwenbräu herstellt. Es gibt sie von 1890 bis 1997. Am Fahrzeug deutlich zu erkennen ist der Kettenantrieb. Foto: Daimler AG Archive und Sammlung

Ausstellung für Brauerei und Keltereiausrüstung. Der Flaschenbier-Transportwagen (4,5-Tonner mit Niederrahmen) und der Brauereiwagen (2-Tonner) von Daimler sind dabei. Ein stimmungsvolles Bild um das Jahr 1924. Foto: Daimler AG Archive und Sammlung

Kleine Lastwagen erhalten als erste den Kardanantrieb wie dieser Daimler für drei Tonnen Nutzlast für das Neuwieder Brauhaus. Er hat immerhin schon 35 PS und ein bis auf die Seitenfenster voll verkleidetes Fahrerhaus. Foto: Daimler AG Archive und Sammlung

Neuer Standard um das Jahr 1924: Luftreifen schonen jetzt Ladung und Fahrer und die Kabine ist (fast) geschlossen, außerdem hat dieser Daimler als 4-Tonner bereits Kardanantrieb. Foto: Daimler AG Archive und Sammlung

Viel Platz im Kasten und auf der Dachgalerie: Flaschenbierwagen von Daimler aus dem Jahre 1903, abgebildet auf einem Prospektblatt. Foto: Daimler AG Archive und Sammlung.

MASSGESCHNEIDERT: DER FLASCHENBIERWAGEN

Waren auch die frühen Lastwagen nicht unbedingt Vorreiter für den technischen Fortschritt, so hatte doch die Industrie in einem Punkt von Anfang an Ideenreichtum und Flexibilität bewiesen: In der Entwicklung zweckbestimmter Aufbauten. Der Flaschenbierwagen gehört dazu. Gedacht für den Bierversand in Ballungsräumen war der Aufbau genau abgestimmt auf die gängigen Bierkästen und auf beste Ausnutzung von Raum und Nutzlast.
Ein Prospekt der Daimler Motoren Gesellschaft um das Jahr 1925 beschreibt das im Detail:
„Der Kasten ist außen mit Eisenblech, innen mit Stabbrettern verkleidet. Zwecks besserer Isolation besitzen die Wände eine Hohlschicht. An jeder Längsseite ist eine einflügelige und eine Doppeltür vorgesehen, während in der Rückwand gleichfalls eine große Doppeltür angebracht ist. Das Dach ist mit Lattenrost und mit umlaufender Eisengalerie versehen. Der Wagenkasten besitzt zwei herausnehmbare Böden."
23 Kästen finden in der unteren Lage und je 27 in der Mitte und oben Platz. Die Dachgalerie nimmt nochmals zusammen 54 Kästen auf. Mit insgesamt 131 Kästen konnte die Fuhre losgehen. Der Aufbau sitzt auf einem niedrigen Rahmen, was das Fahr- und Ladepersonal gefreut haben wird. Denn die Entnahme der Kästen in der unteren und mittleren Lage war sehr bequem, insbesondere im Vergleich zum mühevollen Be- und Entladen der schweren Holzfässer am herkömmlichen Bierlastwagen. Beim Flaschenbierwagen stehen an den Längsseiten Trittbretter zur Verfügung, die sich hochklappen ließen, auch hinten gibt es ein Trittbrett. Montiert ist der hauseigene Spezialaufbau auf einem Daimler D R4-5d, der eine Nutzlast von 4,5 Tonnen auf dem Fahrgestell hat. Der Holzaufbau nimmt freilich schon einen guten Teil der Nutzlast für sich in Anspruch. Den Produktplanern war die hohe Belastung für den Flaschenbierwagen mit häufigen Stopps an den zahlreichen Abladestellen mit häufigem Anlassen des Motors durchaus klar: „Das Fahrzeug ist mit elektrischer Licht- und Anlasser-Anlage ausgestattet." Vom Anlassen per Kurbel waren die Fahrer des Flaschenbierwagens also auch befreit.

WIE ES GANZ AM ANFANG WAR

„Mit dem ersten Lastwagen durch Berlin" überschreibt im Jahr 1938 eine Berliner Tageszeitung ihren Bericht über einen ganz besonderen Kraftfahrer: Emil Killguß kann auf 40-jähriges unfallfreies Fahren zurückblicken – buchstäblich einmalig, weil Killguß der erste Lastwagenfahrer in Berlin überhaupt war. Die Würdigung des Jubilars in der Zeitung zeigt zugleich sehr plastisch die Verkehrsverhältnisse der ganz frühen Jahre:

„Als wir Emil Killguß auf dem Hofe der Brauerei besuchen, steuert er gerade einen Lastwagen mit unfehlbarer Sicherheit durch den Torweg. Er ist schnell bereit, etwas aus den Kindertagen des Motors zum besten zu geben. Und obwohl er Millionen Kilometer hinter sich hat, läßt ihn gerade bei den Erinnerungen an seine ‚ersten' Lastwagen sein

Stolzes Jubiläum: Kein Hersteller kann 1925 auf eine so lange Brauereifahrzeug-Tradition zurückblicken wie der Pionier Daimler. Im folgenden Jahr fusionierte die Firma mit Benz.
Foto: Daimler AG Archive und Sammlung

Gorkauer Societätsbrauerei
Aktiengesellschaft

Gorkau, den 4. Februar 1921.

Daimler-Motoren-Gesellschaft

Breslau.

Wir kommen heute zurück auf Ihr w. Schreiben vom 7. v. M. und bestätigen Ihnen gern, daß der von Ihnen vor ca. 3/4 Jahren gelieferte Lastkraftwagen den von uns gestellten Anforderungen zu unserer vollsten Zufriedenheit genügt hat.

An dem Wagen wurden, nachdem er bereits ca. 8700 km gelaufen, keine größeren Reparaturen notwendig, außer der gewöhnlichen Abnutzung. Besonders hat der an dem Wagen angebrachte Ritzelantrieb keinerlei Störungen gezeigt und sich in jeder Hinsicht bewährt, obwohl wir den Wagen stark in Anspruch genommen, u. a. zu einer 14tägigen Kohlenabfuhr aus dem Waldenburger Bergland bei 100 Ztr. Ladung.

Wir können Ihr Fabrikat nur bestens empfehlen und zeichnen

…svoll

…s-Brauerei.

…ften.

Robert Leicht
Bierbrauerei

Vaihingen a. d. F., den 28. Januar 1921.

Daimler-Motoren-Gesellschaft

Stuttgart.

Es gereicht mir zum Vergnügen, Ihnen zu bestätigen, daß in der langen Reihe von Jahren, in denen ich Ihre Lastwagen in Verwendung habe, dieselben sich ausnahmslos vorzüglich bewährten.

Dies trifft zu bei den kleinen schnellaufenden 2-Tonnen-Wagen, bei dem mit Cardan versehenen 3-Tonnen-Wagen und bei den für schwere Lasten und Anhängerbetrieb geeigneten 4–5-Tonnen-Wagen.

Durchweg sehr sparsam im Brennmaterial- und im Ölverbrauch zeigen auch die einzelnen Teile der Wagen und namentlich der Motoren, daß sie aus allerbestem Material mit großer Sorgfalt und Präzision hergestellt sind und dadurch eine lange Lebensdauer ohne wesentliche Abnützung garantieren.

Hochachtungsvoll

gez. Robert Leicht.

123

Brauerei Dinkelacker

Stuttgart, den 12. Juli 1920.

Daimler-Motoren-Gesellschaft

Stuttgart.

Ihrem Wunsche gemäß geben wir Ihnen den Betriebsstoffverbrauch von der Probefahrt des 3-Tonnen-Wagens Nr. 8605 und des 4½-Tonnen-Wagens Nr. 8655, sowie Kilometerleistung und Belastung bekannt:

14. VI. 3-Tonnen-Wagen: Belastung Ausfahrt 3100 kg, Retourfahrt 1000 kg, gelaufene Kilometer 107, Fahrzeit: 4 Std. 20 Min. Betriebsstoffverbrauch: 24 kg, somit p. km 0,225 kg. Die Fahrt verlief ohne jede Betriebsstörung.

18. VI. 4½-Tonnen-Wagen: Belastung Ausfahrt 5600 kg, Retourfahrt 2500 kg, gelaufene Kilometer 36, Fahrzeit: 2 Std. 10 Min. Betriebsstoffverbrauch: 15 kg, somit p. km 0,402 kg. Die Fahrt verlief gleichfalls ohne jede Störung.

Hochachtungsvoll

Brauerei Dinkelacker Stuttgart.
gez. Buck.

117

Beliebtes Werbematerial sind freundliche Leistungsbestätigungen aus der Kundschaft. Um 1921 werden sie bei Daimler in fein gebundenen Büchern gesammelt.
Abbildungen: Daimler AG Archive und Sammlung

Industriekultur in den 1920er Jahren: Der Daimler-Fuhrpark der Aktien-Brauerei in Frankfurt an der Oder steht voll ausgelastet zur Auslieferungsfahrt bereit – jeweils außen ein 4,5-Tonner, innen zwei 2-Tonner. Foto: Daimler AG Archive und Sammlung

Gedächtnis nicht im Stich. Der erste Wagen hatte die Riesenleistung von vier Pferdestärken und wurde von Killguß bei Daimler in Cannstatt eingefahren. Eine Berliner Brauerei hatte als erste den Mut, ihr Bier mit Autos an den Mann bringen zu wollen, und deshalb wurde der Wagen, dem man eine so weite Fahrt noch nicht zutraute, mit der Bahn nach Berlin verfrachtet.

Die ersten Kraftwagen hatten bekanntlich noch kein Getriebe, sondern die Kraft wurde mit Riemen übertragen. Der Motor saß hinten und die Glühzündung, die schon bei leichtem Wind öfters ausging, machte den Fahrern viel zu schaffen. Heute im Zeichen des selbständigen Anlassers mutet es direkt komisch an, daß damals mit dem brennenden Fidibus gestartet werden mußte.

Fernfahrten gleichen allerdings damals einer Expedition ins unbekannte Afrika. Es gab ja weder Verkehrsregelung und Tankstellen, noch Reparaturwerkstätten. Man mußte den ganzen Betriebsstoff mitnehmen, und wer bei der kleinsten Panne auf der Landstraße liegen blieb, war sozusagen verraten und verkauft. Außerdem hatte der Kraftfahrer damals viele Freunde. Bei der ersten Fernfahrt, die Killguß mit einem Personenwagen nach Bayreuth unternahm, legten ihm die Bauern Steine in den Weg. Häufig kam es vor, daß Fuhrleute beim Nahen eines Autos ihre Pferde ausspannten und auf das Feld führten, bis das ‚Teufelsgefährt' außer Sicht war. Zum mindesten warf man den leicht scheuenden Pferden einen Sack über den Kopf.

Aber auch die Kunden der Brauerei, die ihr Bier mit dem Lastauto erhalten sollten, machten Schwierigkeiten. Sie behaupteten, daß das Bier nach Benzin röche und gewöhnten sich nur schwer an die Neuerung. Der Vorteil der Schnelligkeit stellte sich erst nach und nach heraus. So brauchte Killguß für die Entfernung Berlin-Wittenberg einmal 18 Stunden, die bereits erwähnte Fahrt nach Bayreuth, heute bequem an einem Tag zu bewältigen, war eine Dreitagefahrt, bei der in Leipzig und Hof Station gemacht wurde (…)."

Brauerei im Rückspiegel

Industriegeschichte zu dokumentieren hat inzwischen in der größten deutschen Industrieregion, dem Ruhrgebiet, fast schon Tradition. Neben der Erhaltung und öffentlichen Nutzung original erhaltener Industrieanlagen wie etwa des Stahlwerkes in Duisburg oder des Gasometers in Oberhausen tragen Museen ganz verschiedener Inhalte zum besseren Verständnis vergangener Arbeitswelt bei – und das Brauereimuseum des Ruhrgebiets steht natürlich in Dortmund.

Krupp in der Maschinenhalle

Stilvoll untergebracht in der alten Maschinenhalle der Dortmunder Actien Brauerei und somit in unmittelbarer Nachbarschaft zur einzig in Dortmund verbliebenen Braustätte (siehe Seite 116) erwartet den Besucher ein Hauch früherer Arbeitsatmosphäre. Bewusst sind die Räume nicht top-restauriert, sondern im Prinzip unverändert belassen. Ein Bierlastwagen macht den Blickfang in der Halle, ein restaurierter Krupp L-3 aus dem nahen Essen. Nur 20 Einheiten sind von ihm gebaut worden, eine davon bekam die Dortmunder Union Brauerei. Nach langem Brauereidienst und ein paar

Die Tür des Holzfahrerhauses ist klein, der Platz für Fahrer und Beifahrer aber relativ geräumig. Die Beschriftung wird bei den Restaurierungsarbeiten anlässlich des 100-jährigen Bestehens der Brauerei angebracht.

Sichtbare Kraftübertragung: Als der Krupp gebaut wird, ist der eher einfache Kettenantrieb durchaus noch Standard für Lastwagen dieser Größe.

Am Anfang und am Ende ein Bierlastwagen: Der Krupp L-3 wird 1922 an die Union-Brauerei in Dortmund geliefert und kommt 1970 dorthin zurück. Heute schmückt er das Brauerei-Museum in Dortmund. Fotos: Heinz-Toni Sesterheim

Ein großes Fass für den innerbetrieblichen Transport im 19. Jahrhundert: Im Fuhrfass zogen Pferdefuhrwerke die Würze zu den außerhalb der Stadt gelegenen Gär- und Lagerkellern.

Jahren in zweiter Hand bei einem Betrieb im Sauerland und bei einem privaten Sammler gelangte der dann völlig abgenutzte Lastwagen um 1970 zurück an die Union-Brauerei, die ihn restaurieren ließ, passend zu ihrem 100-jährigen Bestehen im Jahre 1973. Auch die Beschriftung stammt aus dieser Zeit. Heute gehört der Krupp einem Sammler, der ihn dem Museum als Leihgabe überlassen hat.
Hier ist die seltene Gelegenheit sich den für heutige Begriffe exotischen Kettenantrieb aus der Nähe anzusehen, sogar von unten, denn das Exponat steht auf transparentem Boden und gibt beim Gang durch das Untergeschoss der Ausstellung alle Details frei. Mehr als die Höchstgeschwindigkeit von 18,6 km/h gab der 4-Zylinder-Ottomotor mit 54 PS aus vier Litern Hubraum nicht her, viel schneller werden die Fahrer angesichts der Vollgummireifen auch nicht gern gefahren sein. Das immerhin recht breite Holzfahrerhaus bot ihnen den für diese Zeit üblichen Komfort. Mehr Kummer dürfte die Ladung gemacht haben. Im Museum sind unmittelbar hinter dem Krupp Respekt einflößende Bierkästen gestapelt, sowohl aus Stahl wie auch aus Holz für 25 Halbliterflaschen! Das mussten die Auslieferungsfahrer buchstäblich erst einmal verkraften. Die Stahlkästen sind auf das Jahr 1929 datiert. Natürlich fielen auch Holzfässer ins Gewicht. Bis in die 1960er Jahre gab es sie und zum Ende dieses Jahrzehnts sorgte dann nach dem Aluminiumfass der Kasten aus Kunststoff für eine weitere Erleichterung. Zudem sind längst nur noch 20 Flaschen drin, schließlich hat sich ja nun auch der Endkunde als Selbstabholer mit dem Biertransport zu befassen.

Schwere Last als Alltag: Stahlkästen und Holzkästen für 25 Flaschen fordern alle Kräfte früherer Generationen von Bierfahrern.

Links: Die Entwicklung des Bierfasses auf zwei Quadratmetern: Das Brauereimuseum Dortmund zeigt alle Varianten einschließlich der heutigen Aluminiumfässer.

75 Stunden in der Woche

In den zu Beginn des 19. Jahrhunderts errichteten industriellen Brauereien bedeutete das Arbeiten eine heute unvorstellbare Belastung, wie in dem sehr informativen Museumsführer nachzulesen ist. In den letzten Jahren des 19. Jahrhunderts gelten Wochenarbeitszeiten von 60 bis 75 Stunden bei schwerem körperlichem Einsatz, die Gesellen der verschiedenen Handwerke hatten sogar in der Brauerei zu übernachten! Ein Tarifvertrag von 1908 reduziert die Arbeitszeit auf zehn Stunden pro Tag, zwei Jahre später wird sie auf 9,5 Stunden gesenkt mit der „Zugabe", dass die Arbeit nicht vor sechs Uhr beginnen darf. Ab 1901 gibt es übrigens bezahlten Urlaub – drei Tage im Jahr! Dennoch stehen sich Brauereimitarbeiter im Vergleich zu den Kollegen in anderen Industriesparten relativ gut. 1924 gilt eine Wochenarbeitszeit von 48 Stunden, die 40-Stundenwoche kommt 1965.

Brauerei als Kunstobjekt: Detail eines Gemäldes mit der Darstellung der Stifts-Brauerei, ausgestellt im Dortmunder Museum.

Stattlich auch in klein: Modell eines MAN-Lastzuges (MK 26) für die Brauerei Thier, heute ein Schmuckstück unter Glas im Dortmunder Museum.
Fotos: Heinz-Toni Sesterheim

Der Lastwagen kommt in Fahrt – Brauereien nutzen 4- und 5-Tonner

Mehr und mehr reklamiert in der ersten Hälfte der 1920er Jahre auch der Lkw-Bau den technischen Fortschritt für sich, während bis dahin immer die Personenwagen neue Höchstleistungen auf die Straße gebracht hatten. Zum Quantensprung schlechthin wird für den Lastwagen die Einführung des Dieselmotors. Nun können sämtliche Rentabilitätsberechnungen neu geschrieben werden – mit viel besseren Zahlen für den Lastwagen als bisher. Der Motor von Rudolf Diesel macht Lastwagen mit Verbrennungsmotor zum Transportmittel der Zukunft, weil er sparsamer und effizienter mit dem Kraftstoff umgeht. Dass das Patent von Rudolf Diesel (1858–1913) den Weg in die Zukunft weist, war schon länger erkannt worden. Die Kernfrage lautete bis dahin, wie die in Form von großen Stationärmotoren und Schiffsmotoren längst bewährte Technik in den Lastwagen zu implantieren sei. Der später so berühmt gewordene (und tragisch geendete) Rudolf Diesel hatte schon um die Jahrhundertwende als unabhängiger Wissenschaftler eng mit der Maschinenfabrik Augsburg AG und später mit MAN zusammen gearbeitet, das Patent auf seinen Namen war bereits 1892 erteilt worden.

Die Idee des Diesel-Motors: Statt ein Kraftstoff/Luftgemisch wie beim Vergaser-Motor (später zur Unterscheidung zum Diesel-Motor nach seinem Erfinder Otto-Motor genannt) per Zündung zur Explosion zu

Was man nicht sieht, das muss extra gezeigt werden: MAN hat den Dieselmotor, die Werbung aus dem Jahre 1925 weist überdeutlich darauf hin. Nicht zufällig wird ein Brauereifahrzeug Modell gestanden haben, die Kontakte der Hersteller zu dieser Branche waren immer gut. Die kleine Abbildung oben zeigt eine Werbung aus der „Tageszeitung für Brauerei" von 1929. Foto: Hist. Archiv MAN-Nutzfahrzeuge/Abbildung: Westfälisches Wirtschaftsarchiv Dortmund

Rohölmotor nennt Daimler-Benz seine Diesel. Der L5 (oben) ist damit ausgerüstet, erkennbar am ganz vorn am Rahmen sitzenden Kühler. Der Lkw für die Lindener Aktien-Brauerei in Hannover (1871–1968) stammt von 1930. Ein Jahr später leistet der nun L 5000 genannte Mercedes 85 statt 70 PS. An der Neuerwerbung für die Radeberger Exportbierbrauerei (siehe Seite 124) wird gerade die Wartungsklappe des Motors vorgeführt.
Fotos: Daimler AG Archive und Sammlung

bringen, wird beim Diesel nur Luft angesaugt, sehr stark komprimiert und dann mit dem fein zerstäubten Kraftstoff vermischt, was wegen der hohen Verdichtung zu einer Selbstentzündung des Gemischs führt. Der Clou liegt darin, dass sich die Verbrennung, gesteuert durch die Zuführung des Kraftstoffs, langsamer vollzieht als beim Otto-Motor und dadurch der Druck auf die Kolben länger anhält. Das begründet die bessere Leistungsausbeute von maximal 45 Prozent gegenüber maximal 30 Prozent beim Otto-Motor. Niedrigere Verbräuche bei höherem Drehmoment kann der Diesel-Motor für sich ins Feld führen. Außerdem erlaubt der Wegfall der rußempfindlichen Zündkerze die Verwendung von minderen Kraftstoffqualitäten.

All das hatte Rudolf Diesel seinerzeit schnell erkannt, bis zur einwandfreien Nutzung dauerte es aber viele Jahre. Während die stationären Diesel-Motoren sich schon in den ersten zehn bis 15 Jahren des 20. Jahrhunderts durchsetzten, bereitet erst ein wichtiges Detail den sinnvollen Einsatz im Lastwagen vor. Das aufwendige Einblasen des Kraftstoffes erfolgt zunächst über Druckluft mit Hilfe eines Kompressors. MAN führt den Dieselmotor dann wegweisend bereits mit Direkteinspritzung ein. Benz nutzte das Prinzip der Verdichtung in einer Vorkammer und Daimler hatte noch mit dem Einblasen der Druckluft begonnen.

Drei Hersteller Kopf an Kopf im „Diesel-Rennen“

Im Rennen um den ersten Serienlastwagen mit Diesel-Motor liegen die drei deutschen Firmen Benz, Daimler und MAN fast gleichauf. Daimler schafft die Weltpremiere schon im Jahre 1923, Benz folgt im Februar 1924 und MAN im Dezember desselben Jahres auf der Automobilausstellung in Berlin. Die Reihenfolge sagt nichts aus über den Stand der Technik. Der Motor von MAN, ein 45 PS starker Vierzylinder, bietet mit der Direkteinspritzung bereits die Technik, die sich auf lange Sicht durchsetzen wird. Bei den auf der Messe gezeigten Prototypen – einer steht bereits für Probefahrten bereit – handelt es sich im Prinzip um die bisherigen Fahrzeuge mit der neuen Maschine.

Es sollte noch mehr als zehn Jahre dauern, bis der Dieselmotor zur Standardmotorisierung wird. Und auch danach gibt es Benzinmotoren in kleineren und mittleren Lastwagen. Als nächste Hersteller folgten den drei Genannten im Jahre 1930 Vomag aus Plauen im Vogtland wie auch Büssing in Braunschweig, 1932 dann Magirus in Ulm und Henschel in Kassel. Um 1928 verfügt ein Benzinmotor über 55 (Reihenvierzylinder) oder über bis zu 100 PS (Reihensechszylinder), der Dieselmotor als Reihensechszylinder über 70 PS. Um 1930 sind es 110 (Benziner) beziehungsweise 85 PS (Diesel). Nutzlast und Leistung stiegen, ebenso die Anforderungen an Bauteile, die dem Motor nachgeordnet sind. In der höchsten Gewichtsklasse um das Jahr 1935 hat der legendäre Mercedes-Benz L 10000 bei 8,5 Tonnen Nutzlast 150 Diesel-PS aus 12,5 Litern Hubraum. Viergang-Getriebe mit einem zusätzlichen Schnellgang ermöglichen Höchstgeschwindigkeiten von bis zu 60 km/h. Um das Jahr 1930 verschwinden allmählich die Vollgummireifen aus den Verkaufsprogrammen. Ab Mitte der 1930er Jahre unterstützt eine Druckluft-Servohilfe die Arbeit der Betriebsbremse.

ZAHLEN ZUM BIER

DEUTSCHES REICH 1930

Bierverbrauch pro Kopf: 74,7 l
Bierausstoß insgesamt : 48.560*
Bierausstoß pro Braustätte: k. A.*
Anzahl der Braustätten : k. A.

**Bierausstoß in 1000 hl*

Das Angebot an Lastwagen wächst

Je größer und schwerer die Lastwagen, umso stärker erfolgt eine Auffächerung der einzelnen Herstellerprogramme. Daimler-Benz beispielsweise bietet im Jahr 1928 vier Baureihen an. Die Typen L 1 und L 2 als kleine Lastwagen haben eine Nutzlast von 1,5 bis zwei Tonnen und sind mit Benzinmotoren in einer Leistung um die 50 PS ausgerüstet. Die mittlere Gewichtsklasse bilden die Reihen L 45 (2,2 bis 2,7 Tonnen Nutzlast, 55- bis 70-PS-Benzinmotoren) und der L 5 (5 Tonnen Nutzlast, 70- bis 100-PS-Benzinmotoren oder ein Dieselmotor mit 85 PS). Die höchste Klasse bestreitet der Typ N 56. Ihn gibt es mit Sechszylinder-Reihenmotoren in Benzin- (100 PS aus 7,8 Litern Hubraum) oder Dieselversion (70 PS aus 8,5 Litern Hubraum). In ähnlichen Größenordnungen arbeiten die anderen Anbieter. Noch sind es nur einheimische, denn auch nach dem 1925 verfügten Wegfall eines Importverbots in Deutschland fassen ausländische Marken außer bei Lieferwagen nicht Fuß.

Zwei Lastwagen von Magirus: Der Typ 3C1 von 1926 (links) bietet drei Tonnen Nutzlast und verfügt über 55 PS, der größere 2C1, in den späten 1920er Jahren für eine Hausbrauerei in Kempten gebaut, hat bereits ein rundum verschließbares Fahrerhaus und Luftreifen. In dieser Größenklasse bleibt der Benzinmotor noch lange üblich. Fotos: Archiv Iveco Magirus

Fünf Exemplare des L 1 hat die Engelhardt-Brauerei in Berlin (1884-1998) hier erhalten. Das Fahrzeug ganz rechts weist als Besonderheit den Fahrtrichtungsanzeiger namens „Kontax“ auf. Foto: Daimler AG Archive und Sammlung

Kleinste Größe im Programm der neuen Daimler-Benz AG ist der Typ L 1. Der wendige 1,5-Tonner kann mit seinen 45 PS recht flott unterwegs sein, gerade für kleine Bierverleger ein geeigneter Transporter. Interessant die Werbung auf dem Fahrzeug rechts – das Zapfen zu Hause setzt sich allerdings nicht durch.
Fotos: Daimler AG Archive und Sammlung

SIPHONBIER zu HAUSE
ist köstlich aus
GLOBUS-SELBSTSCHÄNKER
8419.

Der auf 1,75 Tonnen aufgelastete Typ N1 hat einen Sechszylindermotor in der Leistung von 58 PS. Der Bierverleger aus dem Rheinland vertreibt selbstverständlich heimische Produkte, nämlich den Gerstensaft der Brauerei Steffens (seit 1857). Foto: Daimler AG Archive und Sammlung

Der Typ KVB von MAN bringt den Hersteller zusammen mit dem neuen Dieselmotor auf dem Markt voran, obwohl wahlweise auch Benzinmotoren eingebaut werden. Beide Fahrzeuge bleiben im Lande des bayerischen Herstellers. Fotos: Hist. Archiv MAN Nutzfahrzeuge

MAN führt 1926 das dreiachsige Fahrgestell ein und bestreitet die folgenden Jahre zunächst mit seinen Fünftonnern vom Typ KVB, die bis 1933 im Programm bleiben sollten. Es folgen die Reihe F1/F4 und F8 sowie 1932 ein 4-Tonner und mit dem Typ Z auch eine 3-Tonner-Variante als Verteilerfahrzeug – sehr gefragt bei Brauereien. Der 1937 vorgestellte Typ M mit 4,5 Tonnen Nutzlast muss letztlich bis 1955 als der typische mittelgroße MAN-Lkw durchhalten.

Büssing ist über die Fusion mit NAG zu einem Programm von Leichtlastwagen gekommen, die später unter dem Namen „Burglöwe" weiter entwickelt werden. Neben einem starken Augenmerk auf den Omnibusbau befasst sich die Firma mit Lkw in den Klassen 4,5 und 6,5 Tonnen Nutzlast. Magirus, stark vertreten mit leichteren Lastwagen, ergänzt 1930 sein Programm mit einem Fünftonner nach oben und beeindruckt außerdem im Jahr 1933 mit einem Eintonner, einem Lieferwagen in Frontlenkerbauweise – auch zugeschnitten auf die Nahverteilung von Bier. Henschel hat ab 1925 sein Programm von 3- bis 5-Tonnern entwickelt. Faun in Nürnberg bietet ebenfalls ein komplettes Sortiment von 2,5-, 3- und 5-Tonnern. 1938 erregen die Franken mit ihrem vierachsigen Typ L 1500 großes Aufsehen, ein echter Spitzenlastwagen mit einem 200 PS starken Motor und Achtganggetriebe. Es wurden allerdings nur zwei gebaut, Brauereien hatten an derart großen Gefährten ohnehin kein Interesse. Die berühmte, 1944 untergegangene Marke Vomag hat sich früh auf schwere Lastwagen konzentriert. Einige der 5-Tonner dürften auch bei Brauereien gelandet sein, vor allem in der näheren Umgebung des Herstellungsorts Plauen. Die heimische Nutzfahrzeugindustrie weist in diesen Jahren bereits eine stattliche Typenvielfalt auf. Wie der Reichsverband der Automobilindustrie für das Jahr 1931 ermittelt, stellen 17 Werke 87 verschiedene Lastkraftwagen

Bierlaster-Parade von Magirus um 1928: Fertig für die Auslieferung stehen bereit ein 2C1, dahinter ein 3C1 und zwei 1C1. Das C in der Typbezeichnung steht für Cardanwelle, die ersten Ziffern für die Nutzlast. Foto: Archiv Iveco Magirus

und Omnibusse her, darunter 58 Zweiachser und neun Dreiachser. 81 Vergaser-Motoren und nur sechs Dieselmotoren (was aber nicht unbedingt etwas aussagt über deren Verbreitung) standen demnach zur Verfügung.

Schwerstarbeit im Ruhrgebiet. Der Krupp L 5N der Dortmunder Union Brauerei (siehe Seite 116) schiebt sich bei voller Auslastung über schlechte Straßen zur nächsten Abladestelle – der harte Einsatz hat dem Lastwagen über die Jahre sichtlich zugesetzt.
Foto: Westfälisches Wirtschaftsarchiv Dortmund

Nicht nur bei Brauereien: Der Nahverkehr dominiert

Brauereien dürften sich in der Regel in der mittleren Gewichtsklasse bedient und mit Lkw vom Schlage eines Mercedes-Benz L 45 die Bierauslieferung in einem Umfeld von rund 50 Kilometern erledigt haben. In den Städten bleibt es noch lange bei Pferdefuhrwerken, zumindest dann, wenn es keine Steigungen zu bewältigen gibt, und auch der Elektrolastwagen hat hier weiterhin sein Einsatzfeld. Eine andere Alternative etwa ab dem Jahre 1930 bilden die kleinen Straßenschlepper, die zwei Anhänger ziehen können. Für das Jahr 1932 weist die Bestandsstatistik des Reichsverbandes der Automobilindustrie den sehr hohen Anteil an Verteilerfahrzeugen (bis zwei Tonnen Nutzlast) aus: Von insgesamt 152.420 Einheiten gehören allein 90.306 in diese Kategorie. An Lastwagen mit mehr als zwei Tonnen Nutzlast laufen bei Handel und Gewerbe (also auch Brauereien) 37.123 Lastwagen, beim Transportgewerbe weitere 11.113. Außerdem enthält die Statistik einen Bestand von 3434 „Elektrokarren". Ausgefahren werden Fässer und Flaschenbier, übrigens fast nur in Gaststätten. Bierkonsum zu Hause stammte meist aus in der Gastwirtschaft in einen Krug mit Bügelverschluss abgefüllten Portionen. Außerdem ist der örtliche Bierverleger in der La-

In Positur gestellt sind Mitte der 1930er Jahre die beiden Lastwagen des Brauhauses in Traunstein (seit 1612) – oben ein MAN Z1 und unten ein Mercedes L 2000. Sie übernehmen die Bierverteilung in der Region. Wobei der kleinere 1,5 Tonnen und der größere drei Tonnen Nutzlast aufnehmen kann. Foto: Hofbräuhaus Traunstein

Auf den Rückweg durch die Eifel macht sich dieser Krupp L 5N der Kölner Spedition Rörig, nachdem er um das Jahr 1935 auf dem Hof der Bitburger Brauerei (siehe Seite 112) beladen wurde. Bei einer theoretisch möglichen Höchstgeschwindigkeit von 68 km/h dürfte es auf der Fahrt über die Berge gemächlich zugegangen sein. Der Krupp hat mit dem Zweitakt-Diesel eine ungewöhnliche Motorenkonstruktion.
Foto: Brauerei Bitburger

ge, Bier aus dem Fass in Flaschen aufzuziehen. Im Sommer gehört – noch weit bis in die 1950er Jahre – auch der Transport von Eisbarren für Eisschränke als Vorläufer der elektrischen Kühlschänke zur Ladung der Biertransporter.

In dieser Zeit spielt der Fernverkehr mit dem Lastwagen nicht nur bei Brauereien keine große Rolle, weder beim mit staatlichen Konzessionen – einer Art Schutzzoll für die staatliche Deutsche Reichsbahn – belegten gewerblichen Güterverkehr noch beim Werkverkehr der Brauereien. Bierversand über weite Strecken ist immer noch die Domäne der Deutschen Reichsbahn. Heiz- und kühlbare Waggons haben den Radius der Transporte wesentlich erweitert. Der schwere Lastwagen wird aber nach und nach konkurrenzfähig.

Eine von Dr. Peter Kirchberg veröffentlichte Statistik aus dieser Zeit legt dar, dass von 50 Millionen Tonnen Fracht im Jahr nur 10 Millionen auf den Werkfernverkehr aller Branchen entfielen. Allerdings verliert in diesen Jahren die alte Faustregel, nach der die Eisenbahn im Vergleich zum Lastwagen umso schneller das Ziel erreicht, je weiter der Weg ist, allmählich ihre Gültigkeit. Eine Berechnung aus den 1930er Jahren, veröffentlicht von Heidi Rohde, nennt ganz verschiedene Werte im Wettlauf beider Systeme, die offensichtlich von Straßen- und Trassenführung und topografischen Verhältnissen sowie dem Bahnfahrplan abhängen.
So ist der Lastwagen auf den 180 Kilometern von Berlin nach Dresden bei acht Stunden Fahrtdauer vier Stunden schneller als der Güterzug, von Berlin nach Dortmund

Gigantisch in den Abmessungen und der angegebenen Strecke: Die zwei Vomag 6 LR 652 bringen um das Jahr 1938 regelmäßig Kulmbacher Bier nach Breslau (rund 500 Kilometer), als echte Lastzüge mit zwei Anhängern. Sie sind besonders aufwendig ausgeführt, unter anderem mit einer gegenüber der Serie geräumigeren Kabine und viel Chromschmuck. Der Vomag hat einen Sechszylindermotor, der bei einem Hubraum von 14,3 Litern 160 PS leistet. Das Vierganggetriebe ist mit einem zusätzlichen Schnellgang ausgestattet. Foto: Bayerisches Brauerei- und Bäckermuseum Kulmbach e.V.

Herausgeputzt zu einem Jubiläum, hoch beladen mit Bierfässern und insgesamt eine stattliche Erscheinung ist der Mercedes-Benz N 56 der Stuttgarter Brauerei Schwabenbräu (siehe Seite 114). Den dreiachsigen N 56, erschienen im Jahre 1929, gab es mit 100 PS starkem Otto- oder 70 PS leistendem Dieselmotor. Foto: Privatbrauerei Dinkelacker-Schwaben Bräu

5682

Die Vorteile des Niederrahmens macht dieses Bild deutlich. Die Ladefläche des Mercedes N 5 erreicht in dieser Ausführung fast die Rampenhöhe. So ist das Verladen der Bierfässer relativ einfach. Der N5 mit Dieselmotor (70 PS) ist für die Brauerei Berliner Kindl (seit 1872, seit 2001 zusammen mit Schultheiß) unterwegs.
Foto: Daimler AG Archive und Sammlung

(540 Kilometer, 21 Stunden) aber um drei Stunden langsamer, von Berlin nach Köln dagegen (557 Kilometer, 30 Stunden) wiederum sechs Stunden schneller. Solche Entfernungen dürften nach und nach auch für große Brauereien interessant geworden sein.

Dennoch setzt sich der Fernverkehr auf der Straße noch nicht auf breiter Front durch. Eine weitere Statistik berichtet davon, dass im Jahre 1937 rund 247.000 Fahrzeuge im Werkverkehr, aber nur rund 70.000 im gewerblichen Güterkraftverkehr in Deutschland unterwegs waren. Private Spediteure brauchen einen langen Atem, um gegen die Bahn zu punkten.

Im Stil der Zeit und in Anspielung auf die Sympathien, die Bier und Brauereien in der Öffentlichkeit genießen, werben auch im Jahr 1938 die Hersteller gern mit dieser Kundschaft – links ein Prospektblatt von Daimler-Benz, rechts eines von Magirus. Foto: Daimler AG Archive und Sammlung und Hist. Archiv Iveco-Magirus

Kurzfristiger Aufschwung und tief greifende Einschränkungen

Der nach der Machtübernahme der Nationalsozialisten einsetzende wirtschaftliche Aufschwung sollte sich schnell als Scheinblüte erweisen und in der Aufrüstung zum Krieg münden, er half aber dennoch gerade der Nutzfahrzeugindustrie im Augenblick sehr. Autobahnbau und andere Beschäftigungsmaßnahmen erhöhten die Nachfrage nach Transportleistungen und die zurückgehende Arbeitslosigkeit verstärkte den Konsum – spürbar natürlich auch für das Brauwesen. Zwei Entwicklungen zeigen aber schon früh den Lkw-Herstellern, dass schlechtere Zeiten kommen werden. Der Rohstoff Holz wird von den Machthabern propagiert im Sinne einer wirtschaftlichen Unabhängigkeit vom Ausland, so dass Holzvergaser in die Lastwagen eingebaut werden (Zitat aus einer Büssing-Werbung: „Holz – Ein Rohstoff, den deutscher Erfindergeist als Quelle neuer Werte erschließt"). Unheil für die Hersteller bringt aber vor allem die von oben

Dieser nagelneue L 3000 von Daimler-Benz leitet in der rundlichen Gestaltung des Fahrerhauses schon über auf die Fahrzeuge, die nach dem Zweiten Weltkrieg die neue Generation bilden sollten. Es ist zu befürchten, dass die Park-Brauerei in Pirmasens (seit 1888) nicht lange Freude hatte an ihrer Neuerwerbung und der schmucke Lastwagen 1939 von der Wehrmacht zu Kriegszwecken eingezogen wurde.
Foto: Daimler AG Archive und Sammlung

angeordnete Einschränkung des Fertigungsprogramms nach dem Schell-Plan, benannt nach dem damit beauftragten Obersten i.G. Adolf von Schell. Die vier Nutzlastklassen 1,5/3/4,5 und 6,5 Tonnen werden mehr oder weniger willkürlich unter die Hersteller aufgeteilt, wobei während der Kriegsjahre unter Umständen jeweils auch Fremdfabrikate produziert werden müssen. Demnach sollte Borgward 3-Tonner bauen, Büssing-NAG 4,5-Tonner und 5-Tonner, Ford 3-Tonner, Daimler-Benz 3-Tonner, 4,5-Tonner und 6,5-Tonner, Henschel 4,5-Tonner, Krupp 6,5-Tonner, MAN 4,5- und 6,5-Tonner, Magirus 3-Tonner und 4,5-Tonner, Opel 1,5- und 3-Tonner, Phänomen (Zittau) 1,5-Tonner, Steyr aus Österreich 1,5-Tonner und Vomag 6,5-Tonner. Aber auch dieser Plan bleibt letztlich auf der Strecke, weil die reine Kriegsproduktion noch weniger Typen zulässt. Dennoch ist der Start des Programms um das Jahr 1940 auch die technische Basis für den Neuanfang nach Kriegsende 1945.

Kriegsnöte: Selbst die relativ starke Abnutzung des im Jahre 1931 an die Radeberger Exportbierbrauerei gelieferten Mercedes-Benz L 5000 bewahrte den Eigentümer nicht vor der Einziehung durch die Wehrmacht Ende August 1939. Die beiden Fahrer können hier noch ihrer gewohnten Tätigkeit nachgehen.
Foto: Archiv Radeberger Exportbierbrauerei

FAKTEN ZUM BIER

BIERSORTEN IN DEUTSCHLAND

Altbier: Heute so genannt, weil es das „alte Bier" war, vor der Industrialisierung der Brauereien bis Mitte des 19. Jahrhunderts in weiten Teilen Deutschlands üblich. Es ist ein obergäriges Bier (beim Gärungsprozess sammelt sich die Hefe an der Oberfläche des Bieres) und in der Farbe dunkel. Der Alkoholgehalt liegt bei 4,8 Prozent.

Kölsch: Obergäriges Bier aus Köln, helle Farbe, 4,8 Prozent.

Lagerbier/Exportbier/Helles: Kam mit der Industrialisierung der Brauereien auf, ein untergäriges Bier (Hefe setzt sich beim Gärungsprozess unten ab), das sich gegenüber dem „alten Bier" durch längere Haltbarkeit auszeichnete und eine helle Farbe hat. Knapp 5 Prozent Alkoholgehalt.

Pils: Weniger stark gehopftes Lagerbier mit etwas geringerem Alkoholgehalt, leicht bitterer Geschmack, das Rezept stammt aus der heute tschechischen Stadt Pilsen. 4,8 Prozent Alkoholgehalt.

Schwarzbier: Untergäriges Bier in dunkler Farbe, 4,8 bis 5 Prozent.

Weiße, Berliner: Obergäriges Bier, leicht säuerlicher Geschmack, 2,8 Prozent Alkoholgehalt.

Weizenbier (Weißbier): Obergäriges Bier, Malz aus Weizen statt aus Gerste, Alkoholgehalt 5–5,6 Prozent.

Ein Konvoi von Schwabenbräu im Jahre 1929, bestehend aus Fahrzeugen von Daimler-Benz: Vorn der N 56, dahinter ein L 5000 – auf dem Markt seit 1927 -, hinter diesem und vor einem weiteren L 5000 dessen Vorgänger L 5. Er führt noch einen Anhänger mit Bremserhäuschen mit. Foto: Daimler AG Archive und Sammlung

DER FILDERHOF.
Schwabenbräu
32
IIIE·6836
31
IIIE·6335

Technischer Fortschritt beim Transport – neue Konsumgewohnheiten beim Bier

Den Menschen in den vier Besatzungszonen, nach der Besetzung von den Siegermächten in Deutschland eingerichtet, steht unmittelbar nach Kriegsende eine extrem schwere Zeit bevor. Der vom Deutschen Reich angezettelte Krieg war verloren und die Katastrophe der nationalsozialistischen Herrschaft vorbei. Wohngebäude, Fabriken und Maschinen liegen nach den Bombardierungen durch die Sieger und durch andere Kriegshandlungen in Trümmern, das Geld ist nichts mehr und ein Vermögen wenig wert. Zwar liegen die Chancen im Neunanfang nicht so gleich verteilt wie es rückblickende Verklärung manchmal Glauben machen will – wer Immobilien und anderes Vermögen besitzt, fängt auch in den Westzonen mit der Währungsreform 1948 nicht allein bei den pro Kopf ausgegebenen 40 DM an –, der Aufbruch aus der Trümmerwüste erfordert aber doch von jedem Einzelnen und jeder Einzelnen einen ungeheuren Kraftaufwand. Das gilt auch für Brauereien und auch dann, wenn die Gebäude noch stehen und es natürlich unverändert Durst zu stillen gilt. Allerdings sehen sich die Brauereien durch die Kriegszerstörungen in zweierlei Hinsicht gefährdet: Sie bangen nicht nur um die Funktionsfähigkeit der Brauerei selbst, sondern auch um den baulichen Zustand der zahlreichen Gaststätten, die ihnen gehören oder mit ihnen in enger vertraglicher Bindung stehen. Die Probleme sind vielfältig, für Brauereien gilt es, die Grundstoffe fürs Bier zu besorgen, und die Lkw-Fabrik ist befasst mit der Suche nach Teilen aller Art, um das Produkt überhaupt lauffähig zu machen. Von der Kunst, zahlungsfähige Kunden zu finden beziehungsweise ein vernünftiges Tauschgeschäft einzufädeln, ganz zu schweigen. Dabei hat die Lkw-Fertigung zum Teil bereits im Jahre 1945 wieder begonnen.

Erstaunliches weist die Statistik des Verbandes der Automobilindustrie, wie der Verband in der neuen Zeit nun heißt, in seinem statistischen Jahrbuch „Tatsachen und Zahlen 1949“ aus. Schon 1945 – wichtige Fußnote in der Tabelle: „ab Besetzung“ – gibt es eine Lastwagenproduktion. Stückzahlenkönig sind die Kölner Ford-Werke mit immerhin 2443

Typisch für neu aufgelegte Vorkriegslastwagen ist der Krupp L 45. Er hat einen Otto-Motor mit 110 PS Leistung und kann 4,5 Tonnen aufnehmen. Die Krupp-Produktion ist bis 1951 in den Raum Nürnberg ausgelagert. Dabei werden die Motoren in der ehemaligen Mälzerei der Ersten Kulmbacher Aktienbrauerei gefertigt. Foto: Westfälisches Wirtschaftsarchiv Dortmund

Schon nicht mehr das Behelfsfahrerhaus aus Holz hat dieser Mercedes-Benz L 4500, aufgenommen im Jahre 1950 und unterwegs für die Karlsruher Brauerei Moninger (seit 1856). Damit ist das Vorkriegsniveau wieder erreicht, die Produktion in Gaggenau läuft längst in geordneten Bahnen.
Foto: Daimler AG Archive und Sammlung

ER
CD
UNIMOG
AW58-5296

Den Unimog von Mercedes-Benz als reine Zugmaschine setzt hier die Brauerei Dinkelacker in Stuttgart ein. Bis zu 40 Tonnen kann der U 25 ziehen, wobei auch das Umsetzen von Anhängern zu seinen Aufgaben gehört. Für einen Unimog ungewöhnlich ist die Doppelbereifung.
Foto: Daimler AG Archive und Sammlung.

Noch gehört zum Markennamen Büssing das Emblem von NAG – der Typ 5000 S stammt konstruktiv aus der Vorkriegszeit, bringt aber ab 1945 die Produktion im Braunschweiger Werk wieder in Schwung. Der Büssing hat einen Sechszylinder-Dieselmotor, der 105 PS leistet.
Foto: Westfälisches Wirtschaftsarchiv Dortmund

Einheiten, gefolgt von Daimler-Benz mit 1037 und Büssing mit 1032 Fahrzeugen. MAN schafft in diesem Jahr genau eines. 1946 starten Borgward, Faun, Opel, Krupp (Südwerke Kulmbach), Kaelble und Magirus nach kriegsbedingter Pause. Da sind es schon 13.241 Lastwagen einschließlich rund 2000 Transportern.

In der späteren DDR, wo die sowjetische Besatzungsmacht konsequent bis zum Letzten Demontage betreibt, vollzieht sich der Start der Industrie langsamer. Dabei bleibt es im Prinzip in den 40 Jahren des Bestehens der DDR, das sozialistische Wirtschaftssystem wird sich schon bald als unfähig erweisen, den Bedarf an Nutzfahrzeugen zu decken. Die ersten Lastwagen baut das Werk Horch (Typ H3) in Zwickau noch zu Zeiten der Sowjetzone 1947, Phänomen beginnt 1949. In den meisten Fällen sind die ersten Auftraggeber die Siegermächte, die zumindest in den drei Westzonen zusätzlich mit ihrem Reparaturbedarf im eigenen Fahrzeugbestand manch einem Hersteller wieder auf die Beine helfen.

Der zündende Funke für das spätere Wirtschaftswunder in der Bundesrepublik entfacht seine Wirkung noch vor der Staatsgründung 1949. Die Währungsreform am 20. Juni 1948 verändert die Welt, zuvor zurückgehaltene Waren sind plötzlich wohlfeil, die Wirtschaft beginnt nun richtig zu arbeiten – überall, außer im Brauwesen! Was war passiert? Noch lässt die Rohstofflage nur das seit den letzten Kriegsjahren übliche Schwachbier zu, daran hat auch die DM nichts geändert. Der Verbraucher aber, nun mit „echtem" Geld versorgt, will das unattraktive Getränk nicht mehr und leistet sich zunehmend Wein oder neumodische Drinks aus den USA mit scharfem Alkohol. Das Brauwesen gerät in ernste Schwierigkeiten. Bis Mitte 1949 wird es noch dauern, bis alle Produktionsbeschränkungen wegfallen und auch die Brauereien in die Vollen gehen können. Von da an zählen sie auch wieder zu den verlässlichen Lkw-Kunden. Im Jahren 1949 werden von Brauereien 371 Lieferwagen, Lastwagen und Zugmaschinen sowie 88 Anhänger gekauft, das sind rund fünf Prozent des Marktes. Die Zulassungsstatistik ist übrigens nicht vollständig, denn aus nicht näher erläuterten Gründen fehlt ausgerechnet die Zahl für das an Brauereien reiche Bayern. West-Berlin wird aus politischen Gründen ohnehin extra geführt und ist hier nicht erwähnt, ebenso verhält es sich mit dem Saarland, das zu dieser Zeit an Frankreich angeschlossen ist.

Lkw-Industrie: Neuanfang mit Alt-Konstruktionen

Wer zunächst Sorge hat, überhaupt ein Fahrzeug auslieferungsfertig auf die Räder zu stellen, für den liegen Neukonstruktionen in weiter Ferne. Für ein paar Jahre müssen die Hersteller von Lieferwagen und Lastwagen vom Stand der Vorkriegstechnik leben, der ja nach dynamischer

Nur geringe Verbreitung findet der Elektrolastwagen BE 3000 von Borgward. Die Brauerei Dortmunder Union besorgt sich einen zur Auslieferung im Nahbereich. Dazu reicht der Aktionsradius von 70 Kilometern aus. Die Höchstgeschwindigkeit liegt bei 25 km/h.
Foto: Westfälisches Wirtschaftsarchiv Dortmund

Weit verbreitet gerade bei Brauereien und durch Zuverlässigkeit und Strapazierfähigkeit bewährt ist in den 1950er Jahren und darüber hinaus der Mercedes-Benz L 3500. Hier stehen drei neue Exemplare auf dem Hof der Brauerei Engelhardt in Berlin (1884–1998).
Foto: Daimler AG Archive und Sammlung

MA 04107

Nicht gerade von Hektik geprägt scheint die morgendliche Verladung in der Eichbaum-Brauerei – schließlich machen die Holzfässer auch viel Arbeit. Hinter dem Mercedes-Benz L 322 zwei L 319 und ein Frontlenker LP 322.
Foto: Daimler AG Archive und Sammlung

Eichbaum
DER 300 000ste
MERCEDES BENZ LKW
M·A 04238

Festlichkeiten: Passenderweise in Mannheim, dem Produktionsstandort für mittelgroße Lastwagen bei Mercedes-Benz, wird der 300.000 Lastwagen der Marke im Jahre 1961 übergeben – an die heimische Eichbaum-Brauerei (seit 1679). Im Hintergrund das Werksgelände, im Vordergrund der Nachbau eines Daimler-Lastwagens von 1899. Auf dem zweiten Bild hat die Brauerei „Berliner Kindl" etwas zu feiern und dazu auf den Belüftungsklappen der Mercedes-Benz 911 Durst anregenden Schmuck angebracht.
Fotos: Daimler AG Archive und Sammlung

Alles an Bord, was der Kunde braucht: Neben den Bierfässern und einigen wenigen Kästen ist Stangeneis untergebracht. Es kommt in die Eisschränke der Gaststätten und Haushalte, eine bis in die späten 1950er verbreitete Kühlvorrichtung. Der Lastwagen von Moninger ist ein Mercedes-Benz L 5000.
Foto: Daimler AG Archive und Sammlung

In den ersten Jahren nach 1945 relativ weit verbreitet ist der Gutbrod-Transporter 504, ein robuster Lieferwagen mit zwei technischen Besonderheiten: Zentralrohrrahmen und Heckmotor. 750 Kilogramm Nutzlast kann er aufnehmen.
Foto: Westfälisches Wirtschaftsarchiv Dortmund

Entwicklung bis zu den Kriegsjahren so schlecht auch nicht ist. Projekte im Hinterkopf und zaghafte Weiterentwicklungen hat es natürlich auch während der Kriegsjahre gegeben, die ersten Fahrzeuge nach 1945 gleichen aber sehr den Vorkriegsexemplaren und sind zum Teil auch einfacher ausgestattet. Provisorisch wirkende Holzfahrerhäuser, einfache Kotflügel und kleine Scheinwerfer vermittelten einen ärmlichen Eindruck. Aber es geht wieder los und die Basis bilden die Einheitstypen aus der Kriegszeit ab 1942 und auch die von 1938 bis 1942 übergangsweise noch weiter geführten Modelle. Zum Beispiel die Ford Werke AG in Köln – als eigenständige Aktiengesellschaft mit verschiedenen Anteilseignern hatte das Werk auch im Dritten Reich nicht als US-amerikanische, sondern als deutsche Firma gegolten – legt seinen als äußerst robust bewährten 3-Tonner wieder auf. Er fährt unverändert mit einem Vierzylinder-Vergasermotor. Daimler-Benz fertigt noch 1945 den Typ L 701, den über den Schell-Plan verordneten Nachbau des Opel Blitz und in der mittleren Klasse den L 4500. Klöckner-Humboldt-Deutz hat seinen S 3000 parat und MAN den 4500. Eine frühe

Ideal für den kleinen Getränkevertrieb ist der Tempo Hanseat in der Ausführung mit niedriger Pritsche, bequemer lassen sich Fässer und Kästen nicht verladen. Der Dreiradlieferwagen mit Zweitaktmotor muss mit 13,5 PS auskommen, bewältigt seine Aufgaben aber gut.
Foto: Westfälisches Wirtschaftsarchiv Dortmund

Schwerlastwagen aus DDR-Produktion: Der H 6 aus Zwickau, hier ein Exemplar der Radeberger Exportbierbrauerei, bewährt sich im Fernverkehr, die Stückzahlen bleiben aber niedrig. Auf dem Brauereihof steht rechts ein Traktor Typ Famulus vom Schlepperwerk Nordhausen. Zeitpunkt der Aufnahme Ende der 1950er
Foto: Archiv Radeberger Exportbierbrauerei

Vieltausendfach bewährt sich der Opel Blitz in der Bundesrepublik als Aufbauhelfer. Hier ein 3-Tonner in Diensten eines Getränkehändlers, der in Iserlohn die Fürstenberg-Brauerei aus dem Schwarzwald vertritt (siehe Seite 118) und das Fahrzeug zu einem Jubiläum herausgeputzt hat.
Foto: Brauerei Fürstenberg

ERICH NOLTE ISERLOHN
BIER
UNION-BIER
BR 42·5628

Den Verteilerverkehr besorgen in der DDR zu einem guten Teil die 2-Tonner von Robur. Hier ein Garant, wie er ab 1956 gebaut wird. Der Lastzug kommt gerade von seiner Tour in die Brauerei zurück. Zeitpunkt der Aufnahme ebenfalls Ende der 1950er Jahre.
Foto: Archiv Radeberger Exportbierbrauerei

Auch im Winter haben die Menschen Durst. Der Fahrer des Brauhauses Traunstein kennt sich mit den Straßenverhältnissen aus und ist zudem mit dem richtigen Fahrzeug ausgerüstet, einem Unimog 401.
Foto: Hofbräuhaus Traunstein

Frühe Speziallösung für den Getränketransport: Müller-Mitteltal aus dem Schwarzwald hat in den Auflieger einen Geräteschrank zur Kühlung des Stangeneises integriert. Die Bordwände haben eine zusätzliche Reling, um höher laden zu können.

Zwei Henschel HS 140 werden auf dem Hof der Mönchshofbraurei Kulmbach (siehe Seite 120) beladen – eine mühsame Angelegenheit, wie das große Fass auf der schiefen Ebene erahnen lässt. Der HS 140 ist der Fernverkehrslastwagen von Henschel mit einer Nutzlast von 6,6 Tonnen und einem 140 PS starken Motor. Foto: Bayerisches Brauerei- und Bäckermuseum Kulmbach e.V.

Dortmunder Union in Belgien: Der Opel Blitz (1960-1965) steht startbereit, das Importbier in Holzkästen auszufahren. Die Opel Blitz gibt es nur mit Otto-Motoren, entsprechend beliebt sind sie bei den Fahrern, weniger dagegen bei der Buchhaltung wegen hoher Verbrauchswerte bei scharfer Fahrweise.
Foto: Westfälisches Wirtschaftsarchiv Dortmund

Krupp aus Essen für die Union-Brauerei in Dortmund – so gehört sich das in den 1950er Jahren. Der Mustang SW L 60, erschienen 1951, hat 6,5 Tonnen Nutzlast zu bieten bei einem zulässigen Gesamtgewicht von 12,8 Tonnen. Dieses Fahrzeug hat bereits die 1955 eingeführte neue Form der amtlichen Kennzeichen. Im selben Jahr bringt Krupp eine überarbeitete Version des Mustang.
Foto: Westfälisches Wirtschaftsarchiv Dortmund

Neukonstruktion ist der Horch H 3 aus Zwickau in der Sowjetischen Besatzungszone, ein Kurzhauber mit drei Tonnen Nutzlast, der von 1947 bis 1949 in so vielen Exemplaren gebaut wird, wie Panzermotoren von Maybach noch vorhanden sind.

Zunächst arbeiten die westdeutschen Lastwagenhersteller zweigleisig. Nach und nach werten sie die alten Konstruktionen wieder auf Vorkriegsniveau auf, meist in Form gefällig gestalteter Stahlfahrerhäuser, und bringen ab 1949 auch Neukonstruktionen auf die Straße. Im oberen Segment überschreiten diese bei den PS-Zahlen die Marke 200, im unteren gibt es bald gegenüber früher leichtere und wendigere Fahrzeuge. Legendär wegen seiner Unverwüstlichkeit und langen Produktionszeit – er bleibt zehn Jahre im Programm – wird der Mercedes-Benz 3250, ab 1950 Typ 3500. Mit seinen 3,5 Tonnen Nutzlast ist er auch auf den Bedarf von Brauereien und Getränkehändlern zugeschnitten, was noch mehr für den ab 1957 lieferbaren Frontlenker LP 321 gilt. Wie sehr der Mercedes sich bewährte, zeigt ein Brief der Löwenbrauerei Schorndorf an die örtliche Vertretung: In knapp zwei Jahren legte ein L 3250 stattliche 215.000 Kilometer ohne nennenswerte Reparaturen zurück! Die Hauptkonkurrenten des L 3500 sind um das Jahr 1952 der Borgward B 4000, der optisch erneuerte Ford FK 3500 D und der Magirus S 3500, Letzterer auch eine Neukonstruktion. In der 5-Tonnen-Klasse sind Büssing (Typ 6000), Mercedes-Benz (L 5000) und MAN (MK 25) mit weiter geführten Vorkriegsfahrzeugen vertreten, Henschel (HS 100) und

Eine Berühmtheit unter allen Lastwagen ist der Mercedes-Benz LP 333, auch „Tausendfüßler" genannt. Um eine höhere Nutzlast zu erreichen, hat er eine dritte Achse erhalten – kurioserweise nicht hinten, sondern vorn und zwangsgelenkt. 12,5 Tonnen aus der Union-Brauerei kann er aufnehmen gegenüber nur 8,6 Tonnen beim Zweiachser. Foto: Daimler AG Archive und Sammlung

Krupp (SW L 50) dagegen mit Neukonstruktionen. Sechszylindermotoren mit um die 100 PS sind Standard, der Krupp als Zweitakt-Diesel in gleicher Leistung fällt aus dem Rahmen. Bei den großen Lkw bleibt der in Kleinststückzahl produzierte Büssing 12000 eine Ausnahme, das Gros bietet Nutzlasten zwischen 6,5 und acht Tonnen an: Büssing (Typen 6000 und 8000), Mercedes-Benz (L 5000 und L 6600), Faun (F 60 und L8), Henschel (HS 140) Kaelble (Typen 612, 631 und 832), Magirus (6500), MAN (MK 26 und der neue F8) sowie die wegen ihrer Optik bis heute unvergessenen Krupp L 60 und L 80 (Titan). Sie haben meist Achtzylindermotoren und bis zu 210 PS. In der DDR entstehen zu dieser Zeit die Typen H (für Horch) 3A und H6, mit drei und sechs Tonnen Nutzlast. Den H 6 wird es für sieben Jahre geben, es ist die einzige Phase für die Nutzfahrzeugindustrie in der DDR, in der sie die größere Gewichtsklasse anbieten darf. Die Staaten übergreifende sozialistische Planung untersagt es ihr anschließend, während der der H 3A in dem Frontlenker W 50 ab 1965 einen Nachfolger finden wird.

In der Bundesrepublik entwickelt sich bei den kleinsten Nutzfahrzeugen mit einer Tonne Zuladung eine große Vielfalt. Dreiräder von Goliath und Tempo, mit Gutbrod und Volkswagen zwei neue Transportermarken, die größeren Tempo-Modelle, der Ford FK 1000 und der DKW-Schnelllaster bieten sich auch für das letzte Glied in der Kette in der Bierverteilung an. Besonders interessant sind Ausführungen mit niedriger Pritsche, wie sie beispielsweise Tempo für sein Dreirad wahlweise anbietet. Den VW-Transporter macht dessen Heckmotor nicht gerade zum idealen Getränketransporter, er wird sich im Laufe der Zeit aber trotzdem durchsetzen. In der DDR übernimmt der bei Framo – später Barkas – in Hainichen fortgeführte Typ V 501 diese Aufgaben. Die Klasse bis zwei Tonnen füllt der aus der Vorkriegszeit be-

Schwere Ladung in einem kompakten Sattelzug unterzubringen ist das Ziel dieser speziellen Lösung von Schenk. Die zweite Achse ermöglicht eine volle Auslastung des Aufliegers. Es zieht ein Magirus-Deutz 145 F, eingeführt 1958. Foto: Archiv Historischer Kraftverkehr

Krupp-Parade vor dem berühmten Union-Hochhaus in Dortmund, errichtet 1926 und bis heute das Wahrzeichen der Stadt. Aufgereiht sind von links Widder L 60, Büffel L 60, Widder L 60 und Büffel L 70. Die Aufnahme wurde 1959 gemacht.
Foto: Kurt Leinen/Westfälisches Wirtschaftsarchiv Dortmund

Straßenidylle in den 1950er Jahren: Der Junge mit dem Roller (Luftreifen!) beobachtet den Auslieferungsfahrer. Der Mercedes-Benz L 319, 1955 auf den Markt gekommen, ist topmodern und die Aufschrift „Getränkeautomatendienst" weist auf einen ganz neuen Service hin.
Foto: Daimler AG Archive und Sammlung

Landauf landab bei kleinen Getränkevertrieben und in der Nahverteilung durch die Brauereien im Einsatz ist der erste Transporter von Mercedes-Benz, der 1955 eingeführte L 319. Seine robuste Bauweise beschert den Haltern lange Laufzeiten. Ein Exemplar wagt sich sogar auf Schwarzwaldschnee. Kleines Bild: Eine Gaststättenbelieferung im Jahre 1958. Foto: Daimler AG Archive und Sammlung

Beladung mit Muskelkraft: Gleich drei starke Männer werden gebraucht, um den Mercedes-Benz LP 322 von Michelsbräu (Babenhausen, seit 1815) samt Anhänger zu bestücken. Allein der „kleine Lastzug" vorn erleichtert die Arbeit etwas. Ein Bild aus dem Jahre 1961.
Foto: Daimler AG Archive und Sammlung

Einachsige Lkw-Anhänger sind selten. Die Brauerei Dinkelacker hat sich diesen bei der Karosseriefabrik Schenk in robuster Ausführung bauen lassen. Eingesetzt wird er vermutlich bei der Bierversorgung von Großveranstaltungen zum Transport von Arbeitsuntensilien oder „Nachschub". Foto: Historischer Kraftverkehr

kannte Phänomen, später Robur. In der Bundesrepublik wetteifern Opel mit seinem 1952 erneuerten Blitz und Hanomag mit seiner ganz neuen Reihe L 28 um die Gunst des Publikums, Borgward schickt seine B 1250 noch einmal ins Rennen, modernisiert ihn aber schon bald. In dieser Klasse sind Dieselmotoren noch nicht die Regel. Opel als Ableger von General Motors aus den dieselfernen USA wird noch bis 1968 ausschließlich mit Ottomotoren arbeiten, Borgward beginnt 1949 im 1250 mit Ottomotoren, bietet mit dem B 1500 aber schon früh beide Varianten an.

Den ersten großen Schritt nach vorn in der Fahrzeugtechnik gibt es 1951 im Motorenbau zu vermerken. MAN führt in Deutschland den Abgasturbolader ein, eine Turbine, die die Ansaugluft verdichtet und vom Abgasstrom angetrieben wird. Die Motoren werden leistungsstärker und sparsamer, allerdings dauert es noch bis zum Ende des Jahrzehnts, bis sich diese Technik durchsetzt. Mit steigenden PS-Zahlen in den 1960er Jahren entsteht allmählich ein Bedarf an weiter gespreizten Getrieben als die bis dahin üblichen, bis um 1955 noch unsynchronisierten Fünfganggetriebe. Über Neun- und Zwölfgang-Getriebe führt diese Entwicklung bis um 1980 zu den 16-Gang-Getrieben mit Schaltgruppen. Ein Dauerthema in der Bundesrepublik sind die vom Staat verordneten Gewichtsbeschränkungen, die unter anderem dazu führen, dass manche Hersteller von selben Grundtyp eine Deutschland-Version von acht Tonnen Nutzlast und eine Exportversion von elf Tonnen parallel bauen müssen. Ist hier Schutz des Konkurrenten Staatsbahn die Triebfeder, so haben die Behörden bei der Steigerung der PS-Zahlen in den 1960er Jahren den Verkehrsfluss im Sinn. Sechs PS pro Tonne sind vorgegeben, die Leistungen der 38 Tonnen schweren Lastzüge steigen auf 210 PS und mehr. Der Wunsch nach mehr Laderaum verschafft ab 1957 dann dem Frontlenker den Durchbruch, nachdem der allererste von Magirus-Deutz 1955 noch fast unbeachtet bleibt und nicht in Produktion geht.

Der Biertransport hat sich zum Ende der 1950er Jahre nahezu komplett von der Bahn zum Lkw hin verlagert. 1959 weist die Statistik dem Werkfernverkehr der Brauereien 68,3 Prozent der Verkehrsmengen an Bier zu und dem gewerblichen Güterfernverkehr der Speditionen 23,3 Prozent. Da bleiben für die Bahn nur noch 5,4 Prozent.

Fuhrpark der Brauerei Stuttgarter Hofbräu (seit 1516, heute Radeberger Gruppe) in der ersten Hälfte der 1950er Jahre: 11 Mercedes-Benz L 3500, das klassische Auslieferungsfahrzeug der Zeit, ein Tempo Matador und eine große Zahl von Anhängern sind zur Wochenendruhe abgestellt. Foto: Brauerei Stuttgarter Hofbräu

ZAHLEN ZUM BIER

BUNDESREPUBLIK 1956
Bierverbrauch pro Kopf: 72,3 l
Bierausstoß insgesamt : 39.381*
Bierausstoß pro Braustätte: 17,3*
Anzahl der Braustätten : 2237
Anzahl Braustätten mit Ausstoß über 20*: k. A.

**Bierausstoß in 1000 hl*

Berliner Sattelzug: Die Brauerei Berliner Kindl hat sich beim heimischen Karosseriewerk Gaubschat einen Sattelauflieger in ungewöhnlich kleiner Dimension anfertigen lassen. Zugfahrzeug ist ein Büssing 5000. In den frühen 1950er Jahren sind Sattelzüge noch eine Seltenheit. Foto: Archiv Historischer Kraftverkehr

DAF, Scania und Volvo für Krupp, Hanomag, Henschel und Büssing

Gravierende Marktveränderungen, zum Teil als Folge der ersten Wirtschaftskrise in der Bundesrepublik, prägen die 1960er und 1970er Jahre auf dem Lkw-Markt in der Bundesrepublik, noch heute von vielen Lkw-Freunden bedauert. Die Marken Krupp (1968 übernommen von Daimler-Benz), Hanomag und Henschel (1970 an Daimler-Benz) und Büssing (1971 an MAN) verschwinden, Faun stellt den Bau von Straßenlastwagen 1971 ein, Kaelble hatte diesen Schritt schon 1964 getan.

Trotzdem nimmt die Vielfalt an Marken und Typen kaum ab, denn nach und nach erringen die ausländischen Anbieter DAF, Scania-Vabis und Volvo, die um 1963 deutsche Niederlassungen gründen, nennenswerte Marktanteile. Das Bild verändert sich gründlich und um das Jahr 1975 können die Fuhrparkleiter der Brauereien auf einem völlig umstrukturierten Markt im Wesentlichen unter Magirus-Deutz, MAN, Mercedes-Benz sowie DAF, Renault, Scania und Volvo wählen. Mercedes-Benz glänzt wie immer mit einem kompletten Programm von bis zu 13 Tonnen Nutzlast (22 Tonnen Gesamtgewicht), die meisten anderen beginnen mit 3,5 Tonnen

Der Generationen Büssing auf dem Hof der Härke-Brauerei in Peine (seit 1890). Hinten ein Büssing VI GL von 1930, in der Mitte ein Typ 5000 aus der ersten Nachkriegsproduktion und vorn ein Büssing 4000, der 1953 auf den Markt gekommen ist. Foto: Archiv Historischer Kraftverkehr

Drei verschiedene Lastwagen von Mercedes-Benz auf dem Hof der Brauerei Eichbaum (seit 1679) in Mannheim: L 5500 (links und rechts in der Mitte, eine Weiterentwicklung des L 5000), L 3500 (rechts hinten) und der 1959 eingeführte Kurzhauber L 322.
Foto: Daimler AG Archive und Sammlung

Nutzlast (7,5 Tonnen Gesamtgewicht). Transporter kommen außerdem von Volkswagen und Ford sowie nennenswert unter den Importeuren von Fiat. Die Topmotorisierungen liegen bei rund 330 PS in den schweren Lkw, bei rund 180 PS in den mittleren Gewichtsklassen und rund 130 PS bei den Verteilerfahrzeugen mit 7,5 Tonnen Gesamtgewicht.

Veränderungen in den Brauereien

Mit dem Ausbau des Straßennetzes in der Bundesrepublik Deutschland sind immer mehr Brauereien ohne Bahnanschluss in der Lage, sich neue Verbreitungsgebiete zu erschließen. Ein weithin bekanntes Beispiel ist die Bitburger Brauerei, die sich von ihrem entlegenen Standort in der Westeifel – bis dahin eine stille Grenzregion – im ganzen Land etabliert. Zunächst bauen sich die Brauereien über Jahre ansehnliche Fuhrparks mit schweren Lastzügen auf, etwa ab 1970 aber beginnt eine zum heutigen Tag nahezu abgeschlossene vollständige Verlagerung der Fuhrparkaktivitäten auf Vertragsspeditionen oder in hauseigene, aber selbständige Logistikunternehmen.
Zwei wichtige Weiterentwicklungen innerhalb der Brauereilogistik wirken sich ab den 1960er Jahren auch sehr stark auf

(weiter S. 90)

Kundschaft vor der Haustür: Der Karosseriebaubetrieb Berger in Frankfurt am Main beliefert mit diesem Flaschenbiertransportaufbau auf Mercedes-Benz-Fahrgestell LP 312 die Frankfurter Brauerei Henninger (gegründet 1858). Vier separate Klappen erleichtern das Be- und Entladen, die Dachgalerie erhöht die Kapazität. Foto: Karosseriebau Berger

Der MAN 415 hat sich nach Einführung der neuen Baureihe im Jahre 1956 schnell zu einem weit verbreiteten Verteilerfahrzeug entwickelt. Dieser hier steht in Diensten der Hümmer-Brauerei aus Dingolshausen in Unterfranken (1724–1983). Die beiden Fahrer haben offensichtlich ihre Mühe mit der Menge der Holzkästen. Foto: Historisches Archiv MAN Nutzfahrzeuge

Auf geht's zum Oktoberfest, Bierlastwagen und Pferdefuhrwerk sammeln sich zum Festzug. Der MAN 770 (ab 1960) der Spaten-Brauerei aus München ist die kleinste Ausführung der später als „Pausbacke" in die MAN-Historie eingegangenen mittelschweren und schweren Frontlenker. Foto: Historisches Archiv MAN Nutzfahrzeuge

Die Klaus Fahrzeug- und Maschinenfabrik in Memmingen ist über Jahrzehnte Lieferant der regionalen Wirtschaft mit Lkw-Aufbauten verschiedener Art. Für das Allgäuer Brauhaus in Kempten (seit 1394) hat sie auf MAN-Fahrgestell einen Kühlaufbau geschaffen, der hier offenbar zur Reparatur in das Werk zurückgekommen ist. Die Kühlung erfolgt über eingelagerte Eisstangen. Foto: Günther Uhl

MAN 415 als Frontlenker. Die Hannen-Brauerei aus Mönchengladbach (seit 1725) hat sie fein herausgeputzt mit einem Werbeschild auf dem Fahrerhausdach und Radzierkappen aus Chrom. Die Logistik ist aktuell, der Gabelstapler im Einsatz. Dessen Fahrer muss genau zirkeln, um die Palette sicher unter Dach zu bringen.
Foto: Historisches Archiv MAN Nutzfahrzeuge

HANNEN-HELL
MAN
DIESEL
KK-SP 31

Der Hanomag Garant ist den frühen 1960er Jahren zusammen mit dem kleineren Kurier und dem größeren Markant ein beliebtes Verteilerfahrzeug bei Brauereien. Die Fahrzeug- und Maschinenfabrik Klaus hat ihn für das Allgäuer Brauhaus auf den Getränketransport abgestimmt mit bequem zu bewegendem Vorhang statt einer herunter hängenden Plane. Foto: Günther Uhl

Eine Idee aus dem Jahr 1965 setzt sich nicht durch: Der Büssing Burglöwe mit tiefer gesetztem Fahrerhaus – dank des Büssing-typischen Unterflurmotors relativ leicht zu verwirklichen – erleichtert zwar das Ein- und Aussteigen, beim Fahrpersonal wird die ungewöhnliche Sitzposition allerdings nicht populär. Foto: Archiv Historischer Kraftverkehr

Eilfrachter nennt Faun seinen Kleinlastwagen, der von 1957 bis 1966 in kleinen Stückzahlen Verbreitung findet, oft bei Betrieben im heimischen Frankenland. Das Foto mit der Werbung für die Brauerei Schneider in Falkenstein (1709-1968) stammt aus einem frühen Verkaufsprospekt von Faun. Foto: Archiv Tadano Faun

„Die große Weltmarke" setzt sich in Positur am frisch bebauten Münchener Olympia-Gelände im Winter 1971/72. Der MAN aus der 1968 eingeführten Baureihe zeigt schon das moderne kantige Design, während der Mercedes-Benz LP 911, bis 1969 gebaut, noch den rundlichen Stil verkörpert.
Foto: Bayerisches Wirtschaftsarchiv München

Schwerer Lastzug der Brauerei Löwenbräu München (seit 1764, ab 2001 Spaten-Franziskaner-Löwenbräu-Gruppe) auf winterlichen Straßen. Der Mercedes-Benz mit der kubischen Kabine, aus dessen erster Serie das abgebildete Fahrzeug stammt, ist bereits 1963 auf den Markt gekommen.
Foto: Bayerisches Wirtschaftsarchiv München

Bier aus Bayern in Paris (Ziffer 75 im amtlichen Kennzeichen) – der Mercedes-Benz LP 1013 stammt aus den späten 1960er Jahren und hat einen niedrig angesetzten Spezialaufbau. Außer für Pschorr Bräu wirbt der Bierverleger auch für Mützig Pils (1810–1989) aus dem Elsass.
Fotos: Daimler AG Archive und Sammlung

Der Unimog von Mercedes-Benz ist vielseitig: Eine Brauerei in Lübeck nutzt den Unimog 411 in den 1960er Jahren als Zugfahrzeug und als Geräteträger für Schneepflug und Kehrmaschine wie die Anbauplatte vorn zeigt.
Foto: Daimler AG Archive und Sammlung

Hubwagenaufbauten von Ruthmann erleichtern das Be- und Entladen enorm. Sie sind hinter einem Triebkopf montiert und die Ladefläche lässt sich bis auf den Boden absenken. Lange Zeit gibt es kaum eine Alternative zum Triebkopf des Unimog. Hier ein Unimog 416 T der Brauerei Herford (seit 1878). Foto: Daimler AG Archive und Sammlung

Sauberkeit ist wichtig für Brauereien und Wassertank sowie Vorbaukehrmaschine am Unimog U 900 sind ideale Voraussetzungen für eine gründliche Hofreinigung. Auf dem Gelände der Münchener Augustiner Brauerei (gegründet 1328) steht eine solche Kombination einsatzbereit. Foto: W. Sattler

Bahnverladung spielt immer noch eine Rolle in der Logistik von Brauereien. Paulaner in München (seit 1806) setzt einen U 1100 auf den eigenen Gleisen zum Rangieren und Bereitstellen von Waggons ein. Unimog mit Zweiwege-Einrichtung haben eine lange Tradition. Foto: F. J. Anweiler

DIE GROSSE LADEHILFE

Bier ausfahren ist Handarbeit, dieser Satz ist bis heute wahr trotz vieler technischer und logistischer Erleichterungen wie der Ladebordwand und des konsequenten Einsatzes von Paletten ab den frühen 1960er Jahren. Beim Abladen müssen die Ausfahrer in vielen Fällen immer noch zupacken, wenn es zum Beispiel um kleinere Mengen von Bierfässern und auf verschiedenen Paletten abgestellten Getränkekisten geht. Auch das Beladen der Fahrzeuge ist traditionell mühsam. Als 1945 der US-amerikanische Hersteller Clark den Serienstart des ersten Gabelstaplers verkündete, dürfte diese Botschaft sich kaum bis zu den Brauereien in Deutschland herumgesprochen haben. Die Entwicklung ist aber angestoßen und schon um 1950 sind die Angebote auch auf dem deutschen Markt zu finden, unter anderen auch vom deutschen Hersteller Still in Hamburg. Nach und nach hält der Gabelstapler Einzug auf dem Brauereihof und erleichtert den Warenumschlag auch beim Getränkehändler und Supermarkt enorm. Die nächste Optimierung folgt mit der Einführung des Mitnahmegabelstaplers, der an einen Lkw-Zug hinten angehängt wird.

Fässer und Kästen lassen sich gleichermaßen bequem laden. Auch Getränkevertriebe nutzen ab den 1960er Jahren mehr und mehr die neue Logistik. Die Ordnung auf dem gesamten Hof ist auf den Gebrauch der Paletten abgestimmt.
Foto: Daimler AG Archive und Sammlung

Nur das Abladen bleibt in vielen Fällen aufwendig – hier muss sich der Fahrer sogar noch mit den schweren Holzkästen abmühen. Wenigstens hilft die Sackkarre auf dem Weg vom Fahrzeug zum Abstellplatz. Foto: Daimler AG Archive und Sammlung

Bier laden vor der Einführung des Gabelstaplers: Mühsame und wohl organisierte Handarbeit wie hier auf einer Aufnahme der Münchener Löwenbrauerei aus den 1930er Jahren. Foto: Bayerisches Wirtschaftsarchiv München (CD)

Leichter und schonender im Umgang mit dem wertvollen Inhalt – daran arbeitet bis heute die Zulieferindustrie der Brauereien. Hier eine Werbung für ein neues Leichtmetallfass aus den späten 1960er Jahren. Abbildung: Westfälisches Wirtschaftsarchiv Dortmund

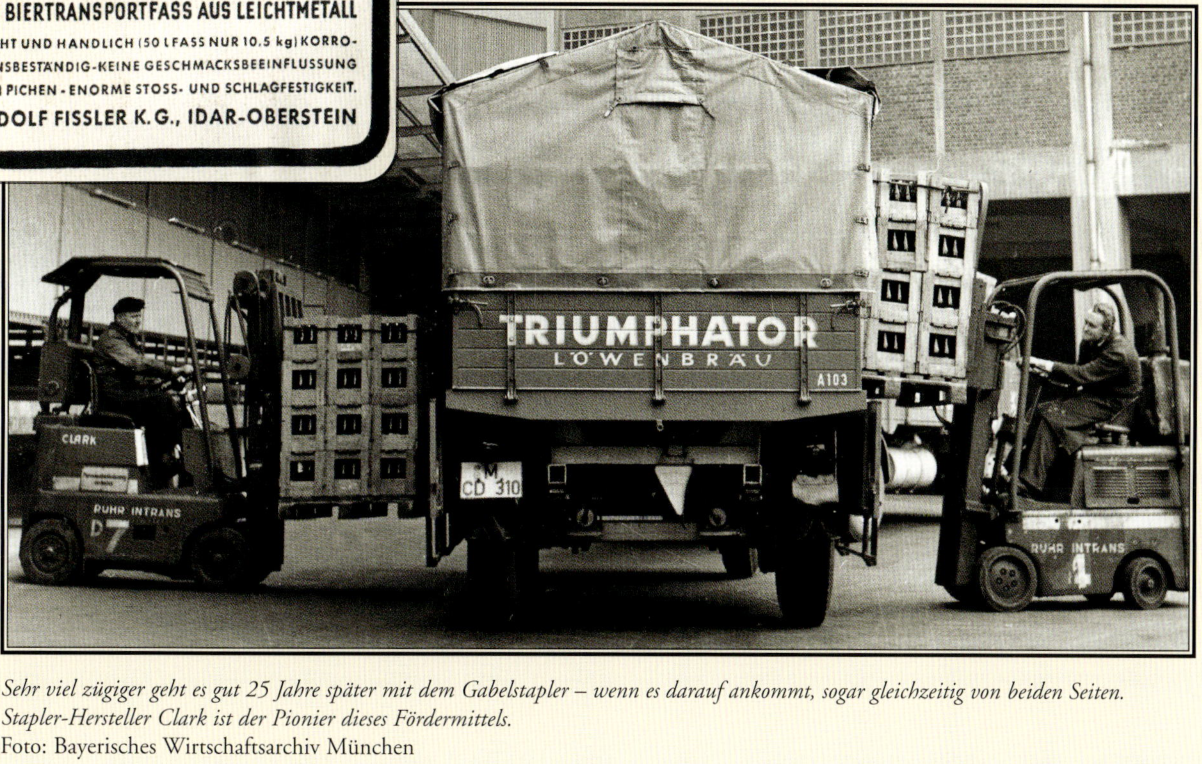

Sehr viel zügiger geht es gut 25 Jahre später mit dem Gabelstapler – wenn es darauf ankommt, sogar gleichzeitig von beiden Seiten. Stapler-Hersteller Clark ist der Pionier dieses Fördermittels.
Foto: Bayerisches Wirtschaftsarchiv München

Der nächste Schritt zum bedienfreundlichen Getränkeaufbau: Klaus rüstet diesen LP 608 von Mercedes-Benz mit einem Vorhang über die ganze Seitenwand aus – das lästige Anheben und Absenken der Ladebordwand entfällt für die Fahrer des Heimdienstes der Brauerei Ruhland in Niederrieden (1680-2001). Foto: Günther Uhl

das Transportwesen aus: Um 1960 kommt das Bierfass aus Aluminium und 1966 steht der Bierkasten aus Kunststoff zur Verfügung. Beides bringt enorme Gewichtseinsparungen, das Aluminiumfass reduziert zudem den Aufwand bei der Abfüllung in hohem Maß. Die bis dahin üblichen Holzfässer – für den Export hatte es zuvor schon Stahlfässer gegeben – mussten stets sehr gründlich und bei hohem Wasserverbrauch gereinigt werden und waren aufwendig herzustellen. Weiterentwicklungen im Transportwesen allgemein bringen auch den Brauereien Erleichterung. Erstmals entstehen spezielle Aufbauten für die Getränkeindustrie, es entwickelt sich eine kleine Branche mittelständischer Karosseriebaubetriebe, die sich ganz auf Fässer und Getränkekisten konzentriert. Zunächst geht es darum, eine bequeme Beladung per Stapler zu ermöglichen. Die schweren Holzbordwände weichen Aluminiumbordwänden, das spart Gewicht, sowohl für den Belader wie auch bei der Nutzlast. Gerade die Auslieferungsfahrer werden den auf mehreren Ebenen einsetzenden technischen Fortschritt begrüßt haben … Dass sie mehr und mehr Flaschenbier auf ihren Lkw haben,

ZAHLEN ZUM BIER

BUNDESREPUBLIK 1970
Bierverbrauch pro Kopf: 141,1 l
Bierausstoß insgesamt: 87.051*
Bierausstoß pro Braustätte: 47,9*
Anzahl der Braustätten: 1815
Anzahl Braustätten mit Ausstoß über 60: 277

**Bierausstoß in 1000 hl*

liegt an den veränderten Gewohnheiten als Folge wachsenden Wohlstands in der Bundesrepublik. Ab den 1960er Jahren sind breite Kreise der Bevölkerung motorisiert und können sich ihr Bier kastenweise in den neuen Selbstbedienungsläden besorgen. Der kleine Bierverleger, der wöchentlich seine Kunden beliefert, bekommt auf diese Weise eine unerwartete Konkurrenz. Außerdem verlockt das Fernsehen als heimische Freizeitattraktion viele Menschen, ihr kühles Bier zu Hause zu genießen. Im Handel bilden sich neben den immer größer dimensionierten Supermärkten auch reine Getränkeabholmärkte.

Aus dem Hut zaubert Magirus-Deutz 1966 einen neuen Konkurrenten in der Klasse für drei Tonnen Nutzlast: Der Magirus-Deutz 70 D stammt von der Traktorenfabrik Eicher und wird lediglich um einen hauseigenen Motor ergänzt. Hier ist der nun mit dem Ulmer Münster als (Magirus-)Markenzeichen versehene Klein-Lkw für das Ulmer Münster-Bier (1812-2002) im Einsatz. Foto: Archiv Historischer Kraftverkehr

Ebenfalls sehr beliebt bei Getränkehändlern ist der legendäre L 406 und seine Abwandlungen. Genau 20 Jahre ist der Mercedes aus dem Werk Düsseldorf ab 1966 in Produktion. Dieses Exemplar wirbt in Hamburg für bayerisches Bier. Der Fahrer muss mit einem konventionellen Getränkeaufbau auskommen und mit Plane und Bordwänden hantieren. Fotos: Daimler AG Archive und Sammlung

PF-AC 332
WULLE Pils
STUTTGARTER
S-VZ 941

Die Alternative zum 1967 eingeführten Frontlenker bildet zu dieser Zeit der optisch leicht überarbeitete Haubenlastwagen, hier als L 1113. Die größere Frontscheibe und die Belüftungsklappe im Dach verbessern die Arbeitsbedingungen. Die beiden Fahrer sind unterwegs für die Brauerei Beckh in Pforzheim (1835-1983).
Fotos: Daimler AG Archive und Sammlung

Getränkeauslieferung im Wohngebiet gehört in den 1960er Jahren schon zum Alltag – die Konsumenten bevorzugen mehr und mehr den Biergenuss in den eigenen vier Wänden. Häufig auf solchen Touren im Einsatz ist der Mercedes-Benz LP 608, eingeführt 1965 und bis 1984 im Programm des Herstellers. Die Brauerei Wulle in Stuttgart existierte von 1861 bis 1971 und wird heute wieder als Biermarke von Dinkelacker vermarktet.
Fotos: Daimler AG Archive und Sammlung

Einen Sattelauflieger für den Malztransport nutzt die Brauerei Henninger. Für Rieselgut geeignete Böden, die absolut dichte Abdeckung des zum Laden offenen Daches und die passende Entladeöffnung kennzeichnen den Spezialaufbau des Herstellers Karl Kässbohrer.
Foto: Archiv Historischer Kraftverkehr

Anders verläuft die Entwicklung in der DDR. Beliefert werden in der Regel nur die Gaststätten und Verkaufsstellen der HO (Handelsorganisation), den privaten Einkauf organisiert der DDR-Bürger von Anfang an selbst. Da bei vielen Biersorten und -marken Probleme mit der Haltbarkeit bestehen, die man im Einzelfall aber nicht genau einschätzen kann, werden Bierkisten meist nur vor entsprechenden Anlässen gekauft. Tatsächlich verzichtete die DDR aus Gründen der Rohstoffversorgung von Anfang an darauf, das traditionelle Deutsche Reinheitsgebot für die Bierherstellung vorzuschreiben. Sie ersetzt es durch eigene, lockerere Vorschriften. Renommierte und auf den Export ausgerichtete Marken wie zum Beispiel Radeberger gibt es selten, es zählt zur begehrten „Bückware“, die nur unter dem Ladentisch, also über gute Beziehungen zu haben ist.

ZAHLEN ZUM BIER

DDR 1960 (1980)
Bierverbrauch pro Kopf: 79,5 l (139,1l)
Bierausstoß insgesamt: 13.424* (23.633*)

**Bierausstoß in 1000 hl*

Für noch kleinere Mengen hat Daimler-Benz ab 1970 den Lieferwagen L 206 im Programm, den von Hanomag-Henschel übernommenen Nachfolger des einstigen Tempo Matador. 55 PS aus 1988 cm³ Hubraum müssen dem Eintonner genügen. Viele Nutzer schätzen die Qualitäten des robusten Transporters.
Fotos: Daimler AG Archive und Sammlung

Biertransport per Tank lautet eine der Lösungen, mit denen die Wirtschaftsplaner in der DDR dem allgegenwärtigen Mangel an Fässern abhelfen wollen. Beliefert werden auf diese Weise Gaststätten und andere Großabnehmer. Das Zugfahrzeug ist ein stattlicher IFA H 6, unterwegs für die Wernesgrüner Brauerei (gegründet 1436).
Foto: Archiv Historischer Kraftverkehr

Tragen statt rollen – oft genug muss der Auslieferungsfahrer bei der Versorgung privater Haushalte enge Wege gehen und Treppen steigen, so dass die Sackkarre nicht weiterhilft. Die Holzkästen ziehen dabei ganz schön an den Armen …
Fotos: Daimler AG Archive und Sammlung

Eine Seltenheit unter Brauereifahrzeugen ist dieser MAN 850 als Sattelschlepper und zwar wegen des Aufliegers. Geschmückt mit einem imposanten Bierglas zieht er den Pferdetransporter, der offenbar der Eigentümerfamilie der Binding-Brauerei gehört. Der speziell ausgebaute Auflieger stammt von Schenk. Foto: Archiv Historischer Kraftverkehr

Nahversorgung im Ruhrgebiet. Der Fahrer hat alle Hände voll zu tun das Bier zu verteilen. Immerhin erleichtert ein Getränkeaufbau mit niedriger Ladehöhe die Arbeit. Die Werbung auf dem LP 808 von Mercedes-Benz zeigt übrigens, dass im Kohlenpott nicht nur Pils getrunken wird … Foto: Daimler AG Archive und Sammlung

Für die Nischen in der ausgefeilten Logistik nutzen Brauereien wie hier Stuttgarter Hofbräu gern den Unimog von Mercedes-Benz. Der U 1400 zieht hier einen einachsigen Tankanhänger.
Foto: Ralf Maile

13
49,95 hl
DINKEL ACKER
DINKEL ACKER
BRAUEREI DINKELACKER

Immer sauberer und rationeller

Der Ölpreisschock von 1973, als die Preise an den Tankstellen wegen künstlicher Verknappung um bis zu 50 Prozent ansteigen, wirkt noch lange nach, es folgt in der Bundesrepublik eine Rezession, die der Nutzfahrzeugindustrie schwer, den Brauereien aber weniger zu schaffen macht. Eine Folge ist die Konzentration vier europäischer Lkw-Marken unter einem Dach – Iveco vereinigt 1975 Fiat, Magirus-Deutz, Saviem und Unic –, eine weitere die Ausweitung der Programme vieler Hersteller bis hinab in die Gewichtsklasse 7,5 Tonnen. MAN in Kooperation mit Volkswagen und Iveco zusammen mit DAF, Renault und Volvo („Vierer-Club") folgen dabei dem Marktführer Mercedes-Benz, der hier schon lange vertreten ist, zusätzlich auch mit eigenen großen Transportern, die in Deutschland mit dem Führerschein für Personenwagen gefahren werden dürfen. Außerdem erscheint der Volkswagen LT mit 3,5 Tonnen Gesamtgewicht, und japanische Importeure melden sich zaghaft auch mit leichten Nutzfahrzeugen zu Wort – im Verteilerverkehr herrscht Ende der 1970er Jahre für Brauereien, Speditionen und Bierverleger wieder eine Auswahl wie zwanzig Jahre zuvor.

Abgasturbolader-Motoren mit 330 PS, kombiniert mit Ladeluftkühlung bis 375 PS, sind bei den schweren Lastwagen die Spitzenwerte, ehe 1981 Scania den Wert auf 388 PS schraubt. 130 PS im 7,5-Tonner und 220 PS im 16-Tonner sind die gängigen Werte im Verteilerverkehr. Bei den Getrieben steht die Phase großer Entwicklungsschritte mit der Einführung elektronischer Bauteile unmittelbar bevor, noch tun herkömmliche Schaltgetriebe mit bis zu 16 Gängen Dienst.

ZAHLEN ZUM BIER

BUNDESREPUBLIK 1980	
Bierverbrauch pro Kopf:	145,7 l
Bierausstoß insgesamt:	92.342*
Bierausstoß pro Braustätte:	67,7*
Anzahl der Braustätten:	1364
Anzahl Braustätten mit Ausstoß über 60:	247

**Bierausstoß in 1000 hl*

Die 1973 eingeführte „Neue Generation" prägt über Jahrzehnte das Bild des schweren Lastwagens von Mercedes-Benz, er sollte bei ständiger Weiterentwicklung 23 Jahre aktuell bleiben. Hier steht im Jahre 1985 ein Sattelzug der Fürstenberg-Brauerei auf dem Firmengelände in Donaueschingen. Die Zugmaschine stammt aus der ersten Zeit der auch SK („Schwere Klasse") genannten Baureihe. Foto: Automobilfotoarchiv Martin Schupp

Neue Fahrzeuge, neue Getränkeaufbauten – in den späten 1970er Jahren ändert sich viel im Fuhrpark der Brauereien. Der Magirus-Deutz M 130 M9 stammt aus der Gemeinschaftsbaureihe der frisch gegründeten Arbeitsgemeinschaft von Iveco mit DAF, Renault und Volvo. Bei dem als eine Art Tieflader konzipierten Aufbau handelt es sich um eine Eigenentwicklung von Magirus-Deutz. Foto: Magirus-Deutz/ Archiv Arno Wagner

Der Unimog von Mercedes-Benz ist auf derart vielseitige Nutzung ausgelegt, dass auch Brauereien von ihm profitieren, meist in kleinen Abwandlungen oder Ergänzungen. So hat der U 1400 der Brauerei Hofbräuhaus Berchtesgaden (seit 1645) deutlich erhöhte Pritschenbordwände, um voll ausgelastet zu bewirtschafteten Hütten in die Berge zu gelangen. Der U 1200 von Stuttgarter Hofbräu ist mit einem in Höhe und Länge speziell dimensionierten Anhänger unterwegs, der U 1450 der Schweizer Brauerei Calanda aus Chur (seit 1780) dient ebenfalls der Hüttenversorgung, kann aber über seine Anbauplatte auch Geräte wie einen Schneepflug aufnehmen. Der U 300 der Wieninger Brauerei aus Teisendorf in Oberbayern (seit 1666) schließlich ist für gleich drei Arbeitsbereiche eingerichtet: Hüttenversorgung, Ladearbeiten über den vorn montierten Stapelmast und das Ziehen von Anhängern. Fotos: Willi Putz, Ralf Maile (2), H.J. Schöpfer.

Schneller laden dank neuartiger Schwenkwände

Um das Jahr 1975 hatte eine epochale Neuerung der Karosseriebauer die Getränkelogistik nachhaltig verändert: Die Schwenkaufbauten machen seitdem die Beladung von der Seite noch leichter und damit schneller. Künftige Weiterentwicklungen konzentrieren sich nun auf eine Reduzierung des Platzbedarfs beim Hochschwenken, damit der Lastzug für den Ladevorgang dicht an der Rampe oder an der Wand abgestellt werden kann und auf Gewichtsminderung.
Ein Beispiel aus der kleinsten Klasse: Aufbauten aus Vollaluminium lassen dem Sprinter von Mercedes-Benz – Gesamtgewicht 3,5 Tonnen – noch eine Nutzlast von 1,4 Tonnen, das sind vier Bierpaletten. Immer geht es um das Gewicht, denn so lange Getränke in Glasflaschen transportiert werden, müssen die Versender mit dem Dilemma leben, dass sie das Volumen eines Lastzuges wegen des zulässigen Gesamtgewichtes nicht ausschöpfen können. Erst mit der Verwendung der Kunststoffflaschen (PET-Flaschen) bei den alkoholfreien Getränken wird dies anders – nicht aber beim Bier, hier sind PET-Flaschen auch im neuen Jahrtausend nicht vorstellbar. Eine häufige Lösung für den Verteilerverkehr stellen Fahrgestelle mit einer zweiten Hinterachse dar.

In mehreren Schritten setzt sich moderne Aufbautentechnik auf dem Markt durch. Dieser Mercedes-Benz LN 1320, in Produktion von 1983 bis 1998, muss noch mit herkömmlichen Bordwänden auskommen, hat aber statt Plane bereits einen leicht zu bedienenden Vorhang.
Foto: Daimler AG Archive und Sammlung

DIE MASSSCHNEIDER

Kenndaten des Bierlastwagens von heute beziehen sich schon längst nicht mehr nur auf PS und Nutzlast. Die Lkw von der Stange als Fahrgestell mit Pritsche haben sich spätestens seit den 1970er Jahren zu Maßanfertigungen für die Branche gemausert. Eine Gruppe von aktuell knapp 20 Herstellern hat sich in Deutschland darauf spezialisiert, Getränkeaufbauten immer leichter im Eigengewicht und einfacher bedienbar zu machen sowie Volumen und Längenmaße von Lastzügen und Transportern optimal auszunutzen. Es handelt sich dabei oft um mittelständische Betriebe, die aus dem Stellmacher- oder Wagnerhandwerk hervorgegangen sind. Ein Beispiel dafür ist die Ewers Karosserie- und Fahrzeugbau GmbH & Co KG in Meschede im Sauerland. Gegründet 1901 vom Stellmacher August Ewers und heute in der vierten Generation der Familie geführt, hat sich die Firma vom klassischen Kutschenbau über Fahrerhäuser und Lastwagenaufbauten aller Art zum Nischenanbieter mit derzeit rund 90 Mitarbeitern entwickelt. Die Getränkewirtschaft steht dabei schon lange im Mittelpunkt der Aktivitäten, was sich an den Entwicklungsschritten zur Aluminiumbordwand statt Holzbordwand und zu Vorhängen statt Planen und schließlich zur Hub-Rollwand im Jahre 1975 niederschlägt. Das war neu: Der obere Teil der Seitenwand fährt über die Aufbaukante auf das Dach, während der untere herunter geklappt wird. Von der Hub-Rollwand gibt es dann schon bald Überdach- und Unterdachversionen. Brauchte die erste Überdachkonstruktion von 1975 noch viel Platz in der Ruhestellung, so legen sich die heutigen Seitenwände ganz flach auf die Dachfläche. Schon Ende der 1960er Jahre führte Ewers im Hinblick auf immer mehr kleinere Festaktivitäten im Freien fahrbare Zapfanhänger, später einfach Bierpavillons genannt, ein. Der Auftritt einer Biermarke ist längst auf vielfältige Weise mitgeprägt von den Tüfteleien der Karosseriebaubetriebe.

Als in den frühen 1970er Jahren die Wechselaufbauten aufkommen, ist Ewers mit eigenen Entwicklungen dabei. Auch die in der Kundschaft reichlich vertretenen Brauereien haben Bedarf wie hier die Warsteiner Brauerei (seit 1753) aus dem gleichnamigen, nahe gelegenen Ort. Basisfahrzeug ist ein MAN 26.320. Foto: Ewers Karosserie- und Fahrzeugbau

Bis zu 38 Paletten passen in einen maximal 8,60 Meter langen Aufbau auf dem Fahrgestell eines Lastwagens oder Anhängers. Ein gutes Verkaufsargument für die Konstruktionen mit festen Seitenwänden ist die Möglichkeit, großflächig für das transportierte Produkt zu werben. Foto: Ewers Karosserie- und Fahrzeugbau

Hubrollwand von Ewers als Überdachlösung – sie benötigt noch viel Platz nach oben, lässt aber bequem Raum zum Laden mit dem Gabelstapler. Die Brauereien der Region sind Stammkunden bei dem Karosseriebauer aus dem Sauerland. Foto: Ewers Karosserie- und Fahrzeugbau

Eine wirkungsvolle Methode, die Nutzlast mittelschwerer Fahrgestelle zu erhöhen ist die zweite Hinterachse. Sie sitzt hinter der Antriebsachse, ist einfach bereift und zwangsgelenkt. Der MAN hat dadurch ein zulässiges Gesamtgewicht von 18,8 statt 16 Tonnen und damit 2,6 Tonnen Nutzlast mehr. Foto: Automobilfotoarchiv Martin Schupp

ZAHLEN ZUM BIER

BUNDESREPUBLIK 1990
Bierverbrauch pro Kopf: 142,7 l
Bierausstoß insgesamt: 104.284*
Bierausstoß pro Braustätte: 88,49*
Anzahl der Braustätten: 1178
Anzahl Braustätten mit Ausstoß über 60: 247

**Bierausstoß in 1000 hl*

Das Problem der Getränkewirtschaft mit der unvollständigen Auslastung des Volumens in großen Lastzügen kann auch die neue, ab 1986 gültige Vorschrift nicht lösen, nach der in der Europäischen Union pro Lastzug maximal 40 statt bisher 38 Tonnen Gesamtgewicht erlaubt sind. In der Lkw-Technik setzt in diesen Jahren, beginnend in der schweren Klasse, eine intensive Innovationsphase ein. Die Elektronik macht es möglich, neuartige Kraftstoffeinspritzungen optimieren den Verbren-

Immer mehr werden Wechselaufbauten in die Logistik einbezogen. Dieser Sattelzug mit einer Zugmaschine von Magirus-Deutz wirkt allerdings in den Dimensionen ungewöhnlich – das Fahrgestell des Aufliegers kann auch größere Einheiten aufnehmen. Foto: Automobilfotoarchiv Martin Schupp

Der Actros – ein Kunstwort der Werbestrategen – löst 1996 den SK ab und wird ebenfalls über mehrere Modellgenerationen gepflegt. Er steht in der Lkw-Geschichte für die Vernetzung der verschiedenen elektronischen Steuerungen. Auf dem Foto ein Lastzug, der für die Radeberger Exportbierbrauerei unterwegs ist. Foto: Archiv Radeberger Exportbierbrauerei nungsablauf im Hinblick auf eine bessere Ausnutzung des Dieselsprits und sorgen nach und nach auch für die Einhaltung der immer schärfer werdenden Abgasnormen in Europa. Vierventiltechnik und Hochdruckeinspritzung mit genau definierter Zerstäubung des Kraftstoffs ermöglichen solche Fortschritte. Scania ist hier der Vorreiter. Elektropneumatisch geschaltete und elektronisch gesteuerte Getriebe folgen ab 1985 und im 1996 vorgestellten Actros von Mercedes-Benz ist zum ersten Mal die Vernetzung der elektronischen Systeme für Motor, Getriebe und Bremsanlage über den Datenbus verwirklicht.

Antriebssysteme und Bremsanlage

Während der Actros in diesem Punkt Kinderkrankheiten durchmacht, warten die anderen Hersteller etwas mit ihren Systemen ab. Etwa seit dem Jahr 2000 sind sie (sehr hoher) technischer Standard. Ein paar Jahre mehr für diesen Status brauchen die Assistenzsysteme. Elektronische Stabilisierungsprogramme (ESP) zunächst für Sattelzugmaschinen und Solofahrzeuge (Mercedes-Benz 2006), ab 2009 auch für Gliederzüge (Volvo), Spurassistenten zur Warnung bei ungeplantem Verlassen der Fahrspur (Lane Guard von MAN 2006) und schließlich die Abstandsregelungen zum vorausfahrenden Fahrzeug (Mercedes-Benz 2006) sind epochale Fortschritte für mehr Verkehrssicherheit, wenn sie denn von den Käufern auch geordert werden.

Ein Plus an Verkehrssicherheit stellt im modernen Lastwagen auch die immer einfachere Bedienbarkeit dar. Elektronische Systeme etwa zur Schaltung und zur Überwachung der Funktionen erleichtern dem Fahrer die Arbeit, ohne ihn aus seiner Verantwortung zu entlassen.

Die europäischen Abgasnormen stellen die Motorenentwickler immer wieder vor hohe Hürden, deren Überspringen sie anfangs selbst nicht für möglich halten. Zwischen der letzten Phase ohne spezielle Abgasgrenzwerte („Euro 0" bis 1991) und den 2010 gültigen Werten von Euro V liegen respektable Unterschiede: An Kohlenmonoxid verbleiben 12,5 Prozent des Wertes von 1991, an Stickoxiden 2,5 Prozent, an Kohlenwasserstoffen 5 Prozent und an Partikeln (Vergleichsjahr 1992) 3 Prozent, gültig für alle Gewichtsklassen. Für Brauereien, die gerne mit ihrer Naturverbundenheit werben und in der immer heftiger werdenden Umweltdebatte auf der sicheren Seite stehen wollen, ist das eine willkommene Beigabe.

Zeitweise erreichen die Lkw-Entwickler die jeweils neuen Grenzwerte nur über einen leicht erhöhten Kraftstoffver-

Ohne Handarbeit geht es auch beim modernen Getränkelastwagen nicht, in einigen Punkten ist sie aber doch leichter geworden. Einfache Bedienung und vielseitige Nutzung kennzeichnen Aufbauten von heute. Bei den Klappwänden genügt es, die untere Hälfte zu bewegen, um die Seitenwand komplett zu öffnen. Beim Beladen mit dem Stapler bleibt genügend Platz für ein sicheres Abstellen der hoch bepackten Palette. Schließlich lassen sich Wechselaufbauten vielseitig nutzen, beispielsweise an Veranstaltungsorten abstellen.
Fotos: Heinz-Toni Sesterheim

Entwickelt für die Abfallsammeltour bewährt sich der Mercedes-Benz Econic auch bei der Getränkeauslieferung, denn der Ein- und Ausstieg ist dank des niedrig angesetzten Fahrerhauses sehr bequem. Hier ein Exem plar der zu Fürstenberg gehörenden Brauerei Riegel. Foto: Pressestelle Mercedes-Benz Nutzfahrzeuge

Kurz gekoppelte Tandemanhänger werden häufig für die Getränkeauslieferung genutzt, da sie eine relativ hohe Nutzlast vertragen und über die Gesamtlänge des Lastzuges Platz einsparen. Die glatten Seitenwände erlauben großzügige Werbeflächen wie bei diesem Lastzug mit einem Mercedes-Benz Actros als Zugfahrzeug. Foto: Privatbrauerei Dinkelacker Schwaben Bräu

Um jeden kleinen Stauraum kämpfen die Karosseriebauer, wenn sie Getränkefahrzeuge konstruieren. Kempf hat aus diesem Grund den Rahmen des Sattelaufliegers zweifach gekröpft. Werden die tief liegenden Flächen nicht gebraucht, sorgen Einlegeböden für eine durchgehende Ladefläche. Der Sattelzug ist unterwegs mit Bier der Krombacher Brauerei (seit 1803). Foto: Kempf brauch. Mittels immer weiter verfeinerter Einspritztechnik gelingt es aber schnell, diesen Effekt auszuschalten. Auf dem Weg zur Einhaltung der Grenzwerte nach Euro V (ab 2008) kristallisieren sich bei den europäischen Herstellern zwei Lösungen heraus. Zum einen die Zumischung von Harnstoff in einen Katalysator, der aus Stickoxiden Stickstoff und Wasserstoff macht – federführend entwickelt von Mercedes-Benz. Hier muss der Zusatzstoff Ad Blue in einem separaten Tank mitgeführt werden. Zum anderen die Abgasrückführung. Hierbei wird der Abgasstrom zur Absenkung der Verbrennungstemperatur und damit zur Reduzierung der Stickoxide genutzt. Euro V lässt sich damit schaffen, Euro VI ab 2014 aber offenbar nicht, denn MAN als Protagonist dieser Technik schwenkt im Jahre 2009 auf Ad Blue als Option um.

ZAHLEN ZUM BIER

DEUTSCHLAND 2000

Bierverbrauch pro Kopf: 125,6 l
Bierausstoß insgesamt: 110.429*
Bierausstoß pro Braustätte: 86,34*
Anzahl der Braustätten: 1279
Anzahl Braustätten mit Ausstoß über 100: k.A.

**Bierausstoß in 1000 hl*

Brauereifahrzeuge 2009

Brauereien und Getränkespediteure haben meist keinen Bedarf an den Flaggschiffen der Nutzfahrzeugindustrie. DAF XF 105, Iveco Stralis, MAN TGX, Mercedes-Benz Actros, Renault Magnum, Scania R-Serie und Volvo FH jeweils in der stärksten Motorisierung – Volvo schießt mit 700 PS den Vogel ab – wären für den zumeist ausreichenden Mittelstreckenverkehr der Getränkebranche zu viel Aufwand. Interessant sind dagegen die kleineren Varianten dieser Baureihen bis rund 400 PS mit kürzerem Fahrerhaus ohne ausgesprochenen Fernfahrerkomfort. Oder auch die bewusst einfacher gehaltenen mittelschweren Reihen wie der Mercedes-Benz Axor und der Renault Premium. Ein solcher Lastzug aus dem Jahre 2009 verbraucht auf 100 Kilometern rund 34 Liter Diesel, die schweren Kaliber kommen mit nur einem Liter mehr aus.

Nutzlast – bei einem Zug mit 40 Tonnen Gesamtgewicht rund 22 Tonnen – ist generell gefragt, deshalb wählen die Getränketransporteure Fahrgestelle mit einer Nachlaufachse. So erhöht sich das Gesamtgewicht eines 15-Tonners auf 19,5 Tonnen, die Nutzlast steigt dadurch von rund 10 auf gut 14 Tonnen. Auch vierachsige Solofahrzeuge sind möglich, bei deren Gesamtgewicht von 32 Tonnen bleibt eine Nutzlast von 20 Tonnen. Anders ausgedrückt sind das 20 Bierpaletten.

Wenn auch generell im Transportgewerbe Sattelzüge die weit größere Verbreitung finden als Gliederzüge, nutzen doch Brauereien und ihre Speditionen in großer Zahl die klassische Form des Zugfahrzeugs mit Anhänger, oft mit kurz gekoppeltem Tandemanhänger. Der Grund liegt in der Möglichkeit, lediglich bis zur ersten Abladestelle mit dem kompletten Zug und danach nur noch mit dem Solofahrzeug

Markenreiner Fuhrpark: Die Brauerei Rapp (seit 1893) bevorzugt für verschiedene Einsatzzwecke Fahrzeuge mit dem Stern, von links der Transporter Sprinter als Kastenwagen in kurzem Radstand sowie die Lastwagen Axor und Actros in der Ausführung des Modelljahrgangs 2009.
Foto: Pressestelle Mercedes-Benz Nutzfahrzeuge

Verladung von Radeberger Pilsner in der heutigen Zeit: Moderne Technik bei Lastzug (MAN TGA) und Gabelstapler (Linde) gehören dazu. Das Radeberger Pilsner wird direkt von den Abnehmern an der Rampe abgeholt, der Fuhrpark der Radeberger Exportbierbrauerei ist dementsprechend nur klein. Foto: Archiv Radeberger Exportbierbrauerei

Ungewöhnlich und optisch sehr wirkungsvoll: Zwei Doppeldecker-Busse, ursprünglich im Reiseverkehr eingesetzt, laufen als Werbefahrzeuge für die Brauerei Stuttgarter Hofbräu. Links ein Neoplan Skyliner aus der Zeit um 1992, darunter ein sehr seltener Aufbau aus der letzten Phase der 1984 eingegangenen Karosseriebaufirma Vetter aus Stuttgart auf einem Fahrgestell von Mercedes-Benz. Foto: Automobilfotoarchiv Martin Schupp

Erhöhte Aufmerksamkeit erzeugen auf die Marke gebrandete Fahrzeuge, die bei Veranstaltungen eingesetzt und besichtigt werden können. Radeberger Pilsner nutzt dazu den Sprinter von Mercedes-Benz, hier ein Exemplar aus der zweiten Generation 2000 bis 2006. Foto: Archiv Radeberger Exportbierbrauerei

unterwegs zu sein. Speditionen, die außer Bier auch alkoholfreie Getränke in PET-Flaschen fahren, haben überdies Interesse an großvolumigen Aufbauten und nutzen deshalb auch Sattelzüge mit abgestuftem, niedrigem Boden, die bis zu zehn Paletten mehr fassen.

Im Verteilerverkehr der Brauereien bestimmen Fahrzeuge bis zwölf oder 15 Tonnen Gesamtgewicht das Bild. Übrigens sind gebrauchte Brauerei-Lastwagen bei Getränkehändlern sehr gefragt, denn so lange die Brauereien ihren eigenen Fuhrpark betrieben – einige tun es immer noch –, legten sie großen Wert auf Fahrzeugpflege und Erscheinungsbild und hatten einst auch nicht bei der Anschaffung gespart. Für die Bierwerbung ist ja bei einer Weitergabe an Stammhändler auch gesorgt. Ohnehin sieht man einem Bier-Lastwagen mit Werbeaufschrift für eine bestimmte Marke heute kaum noch an, ob er unmittelbar zur Brauerei gehört oder nur im Auftrag fährt. Um sich auf das Kerngeschäft zu konzentrieren, haben die meisten Großbrauereien ihren Fuhrpark abgegeben und überlassen Logistikunternehmen die Bierauslieferung, wobei teilweise auch Arbeitsprozesse innerhalb der Brauerei einbezogen sind.

ZAHLEN ZUM BIER

BUNDESREPUBLIK 2007

Bierverbrauch pro Kopf: 111,8 l
Bierausstoß insgesamt: 102.161*
Bierausstoß pro Braustätte: 78,22*
Anzahl der Braustätten: 1306
Anzahl Braustätten mit Ausstoß über 100*: 73

**Bierausstoß in 1000 hl*

FAKTEN ZUM BIER

Zusammenlegungen von Betrieben, wie sie die Nutzfahrzeugindustrie schon seit den 1960er Jahren erlebt, erfassen im Zuge der Globalisierung mehr und mehr auch das Brauwesen. Daran ändert auch die ab 2000 wieder ansteigende Zahl an Braustätten nichts, denn hierbei handelt es sich in hohem Maße um kleine Hausbrauereien. Sie kommen wieder in Mode und stärken die Bindung des Gastes an die heimische Gaststätte und das nur lokal vertriebene Bier – wie einst, als die Industrialisierung des Gewerbes begann. Die großen Biermarken finden sich aber meist unter dem Dach eines Bier-Giganten wieder. Diese sind aber meist so klug, die nationalen und regionalen Marken zu belassen.

InBev zusammen mit Anheuser-Busch (Belgien und USA), SAB-Miller (Großbritannien), Heineken (Niederlande) und Carlsberg (Dänemark) sind die größten in der Welt. Die Nummer eins in Deutschland, die Radeberger-Gruppe, liegt in der Rangliste für 2008 auf Platz 23 und produziert dabei 14 Millionen Hektoliter. Zu ihr gehören nicht weniger als 55 Brauereistandorte mit so bekannten Marken wie Berliner Kindl, Berliner Pils, Binding, Henninger, Jever, Stuttgarter Hofbräu, sämtliche Dortmunder Biere, nämlich Actien, Hansa, Krone, Ritter, Thier und Stifts und natürlich Radeberger. Ein mittelständischer Betrieb wie die Bitburger Brauerei (Rang 33, acht Millionen Hektoliter) kann sich dagegen mit dem Zusatz „Größte Privatbrauerei Deutschlands" schmücken.

Beschleunigt wird der Konzentrationsprozess zumindest in Europa durch einen stagnierenden Verbrauch. Junge Verbraucher wählen nicht mehr selbstverständlich das Bier als ihr Lieblingsgetränk. Neuartige Mischungen mit Bier sollen hier neue Absatzfelder schaffen. Der Vertrieb außerhalb der Gaststätten erfolgt übrigens zum größten Teil über Getränkeabholmärkte. Sie erreichen 46 Prozent des Marktes, gefolgt von Verbrauchermärkten (35 Prozent) und Discountern (13 Prozent).

Immer in Bewegung ist der internationale Biermarkt – Fusionen, Übernahmen, aber auch Wiederausgliederungen und Weiterverkäufe von Brauereien bestimmen das Bild ebenso wie der Trend zu nur lokal vertriebenem Bier. Foto: Messe Nürnberg

Bierlastwagen in

Blick nach Finnland: Der Scania 143h ist hier schon in die Jahre gekommen, aber noch gut in Schuss. Das dreiachsige Zugfahrzeug aus den frühen 1990er Jahren ist mit einem vierachsigen Anhänger kombiniert – eine Besonderheit skandinavischer Zulassungsvorschriften. Foto: Max Chernjavsky

Aus Weißrussland stammt dieser MAZ, der in der Ukraine mit einem Sattelauflieger für Rieselgut seine Touren fährt. Der Aufschrift nach tut er das für eine Brauerei, vermutlich mit Gerste oder Malz beladen.
Foto: Max Chernjavsky

Biertour in der Türkei. Der Isuzu NPR wirkt jetzt schon strapaziert, obwohl er aus der Zeit um das Jahr 2000 stammt. Gefertigt wird er in der Türkei. Hier arbeitet eine weit gefächerte Nutzfahrzeugindustrie mit einem breiten Angebot relativ einfacher und sehr robuster Nutzfahrzeuge.
Foto: Max Chernjavsky

Bitburger Pils in Weißrussland? Ein sicherer Beleg dafür ist dieses Bild nicht. Vielmehr ist der Getränkelastwagen aus Deutschland, ein Renault R 380, als Gebrauchtfahrzeug in den Osten verkauft worden und dreht dort mit den originalen Aufschriften seine Runden. Foto: Max Chernjavsky

Markenvielfalt in Chile: Ein mittelschwerer Freightliner aus den USA zieht diesen Cristal-Truck durch den dichten Statdverkehr. Der zur Daimler AG gehörende Hersteller nennt seine Verteilerlastwagen Business-Class. Foto: Max Chernjavsky

Biertransport in Chile: Ein Scania C 380 aus brasilianischer Produktion zieht für die Brauerei Cristal aus Peru einen Auflieger mit ungewöhnlich langem Radstand durch das chilenische Hochland. Weite Strecken sind für die Bierauslieferung hier Alltag. Foto: Max Chernjavsky

BITBURGER PILS

Fotos: Bitburger Brauerei (2), Daimler AG Archive und Sammlung.

Sitz der Brauerei: Bitburg

Zugehörigkeit (Gruppe/Konzern): Bitburger Braugruppe GmbH (Privatbrauerei, in der 7. Generation in Familienbesitz)

Gründungsjahr: 1817

Biermarken heute: Bitburger Premium Pils, Bitburger Alkoholfrei 0,0%, Bitburger Radler, Bitburger Light, Bit SUN, Bit PASSION, Bit COPA und Bit COLA LIBRE

Vertriebsgebiet: Weltweit mit Schwerpunkt Deutschland

Ausstoß im Jahr (2009): 3,9 Millionen Hektoliter

Zahl der Beschäftigten: k.A.

Eigener Fuhrpark/Zahl der Zugfahrzeuge/Lastzüge: Nein

Internet: www.bitburger.de

Die Bitburger Brauerei, 1817 in der Südeifel gegründet, zählt zu den bedeutendsten Premium-Brauereien Deutschlands und ist mit einer jährlichen Produktion von rund vier Millionen Hektolitern eine der größten nationalen Pilsmarken – in der Gastronomie seit Jahrzehnten die Nummer eins. Weltweit führen rund 50.000 Gaststätten, Restaurants und Hotels in 60 Ländern der Erde auf allen fünf Kontinenten Bitburger Premium Pils.

1914 legte die Bitburger Brauerei mit der Anschaffung eines 4-Tonnen-Saurer mit 30 PS den Grundstein für ihren motorisierten Fuhrpark. Aus dieser Zeit stammt das erste Bild. Zwei Kraftfahrzeuge an einer Stelle sind zu dieser Zeit in der Westeifel sicher eine Seltenheit. Der Mercedes-Benz L 45 auf dem zweiten Bild zeigt eine Anschaffung aus dem Jahr 1929. Der Mercedes-Benz L 3500 auf dem dritten Bild gehört einem Kölner Großhändler, fotografiert im Nachkriegsprovisorium rund um den Kölner Dom.

Mit dem Ausbau des Vertriebs Anfang der 1960er Jahre übernahm der Brauerei-Fuhrpark auch einen Großteil der Fernfahrten zu den Fachgroßhändlern in ganz Deutschland, was sich ab Mitte der 1980er Jahre änderte, als viele Abnehmer das Bier mit eigenen Fahrzeugen abholten. 1998 wurde deshalb die bundesweite Belieferung mit eigenem Fuhrpark eingestellt.

Dinkelacker-Schwabenbräu GmbH & Co. KG

Sitz der Brauerei: Stuttgart

Zugehörigkeit (Gruppe/Konzern): Inhabergeführte Privatbrauerei

Gründungsjahr: 1888 (Schwabenbräu 1878)

Biermarken heute: Dinkelacker, Schwabenbräu, Sanwald, Wulle, Cluss, Haigerlocher, Siegel Kloster

Vertriebsgebiet: Stuttgart und Region

Zahl der Beschäftigten: 175

Fuhrpark: Dinkelacker Schwabenbräu Logistik GmbH (25 Lkw, 125 Mitarbeiter)

Internet: www.ds-kg.de

Einen für die heutige Zeit untypischen Weg ist die Brauerei Dinkelacker-Schwabenbräu gegangen. Nachdem die Stuttgarter 2004 dem Großkonzern Interbrew eingegliedert worden waren und dieser durch die Fusion mit der brasilianischen Ambev-Gruppe zum weltgrößten Brauereiunternehmen InBev geworden war, kaufte Wolfgang Dinkelacker, Urenkel des Mit-Firmengründers Carl Dinkelacker, die Brauerei zurück. Seit Anfang 2007 ist sie nun eine unabhängige Privatbrauerei. Die Ursprünge liegen in der Brauerei Robert Leicht (1878), später Schwaben Bräu, und in der Dinkelacker Brauerei (1888). 1971 kam die Brauerei Wulle und 1978 Sanwald hinzu.
Auf dem ersten Bild ist der stattliche Fuhrpark der Brauerei Leicht um das Jahr 1927 versammelt, bestehend aus Lastwagen von Mercedes-Benz. Das zweite Bild erinnert an die frühe Zeit der Brauerei Dinkelacker, abgebildet ist ein 2-Tonner von Daimler aus dem Jahre 1923 und auf dem dritten Bild zieht ein Unimog U 25 von Schwabenbräu einen Anhänger von Schenk.

Fotos: Daimler AG Archive und Sammlung (3).

DER FILDERHOF
DER FILDERHOF.

Schwabenbräu
55
Brauerei Rob. Leicht
Stgt.-Vaihingen

DORTMUNDER ACTIEN BRAUEREI

Sitz der Brauerei: Dortmund

Zugehörigkeit (Gruppe/Konzern): Radeberger Gruppe

Gründungsjahr: 1867

Biermarken heute: DAB Pilsner, DAB Export, DAB Diät Pils, Hansa Pils, Thier Pils. Stifts Pils, Andreas Pils, Stades Leicht, Vita Malz

Vertriebsgebiet: Deutschland und weltweiter Export in 20 Länder

Zahl der Beschäftigten: k.A.

Eigener Fuhrpark/Zahl der Zugfahrzeuge/Lastzüge: Nein

Internet: www.dab.de

Diese drei Buchstaben sind in die Welt hinaus gegangen: DAB steht für Dortmunder Actien Brauerei, gegründet 1867 und heute die letzte noch existente Braustätte in der einstigen Bierstadt Dortmund. Sie gehört zur Radeberger Gruppe, zuvor zusammen mit der Dortmunder Union-Brauerei und der Ritterbrauerei zur Brau und Brunnen AG, die in der Radeberger Gruppe aufging. In einer letzten Fusion war 1996 die Dortmunder Kronen Brauerei zu DAB gekommen, die wiederum zuvor die Stifts-Brauerei und die Thier-Brauerei übernommen hatte.

Ihren großen Aufschwung erlebte die Bierstadt Dortmund mit der Industrialisierung Mitte des 19. Jahrhunderts. Diese bewirkte bei den Brauereien neue Fertigungsmöglichkeiten und in der Region durch das Aufblühen von Kohle und Stahl einen enormen Bevölkerungszuwachs. Schnell ging Dortmunder Bier in andere Gebiete des jungen Deutschen Reiches und bald auch in den Export. Um 1900 gab es in Dortmund knapp 30 Brauereien, 20 Jahre später nur noch acht, die aber den Bierausstoß laufend steigerten. Mitte der 1960er Jahre kam jedes zehnte in der Bundesrepublik Deutschland getrunkene Bier aus Dortmund, ehe der Strukturwandel im Ruhrgebiet und veränderte Konsumgewohnheiten eine Abwärtsbewegung einleiteten, die letztlich zu der heutigen Situation führte.
Die Bilder zeigen einen Mercedes-Benz-Lastwagen L1 von 1929, den ein Bierverleger aus dem Ruhrgebiet betreibt und der für Ritter-Bier wirbt, einen Mercedes-Benz L 45 aus dem Jahr 1930 mit der Aufschrift „Dortmunder-Hansa-Bier“ und zwei Auslieferungsfahrzeuge für die Union-Brauerei in Luxemburg um 1960 – links zwei OM aus Italien und rechts ein Mercedes-Benz L 319.

tos: Daimler AG Archive und Sammlung (2), Westfälisches Wirtschaftsarchiv/Theo Alex.

Fürstlich Fürstenbergische Brauerei GmbH & Co. KG

Sitz der Brauerei: Donaueschingen

Zugehörigkeit: Brau Holding International

Gründungsjahr: 1283 (Braurecht)

Biermarken heute: Fürstenberg, Riegeler, Qowaz, Bären

Vertriebsgebiet: Kernmarkt ist Baden-Württemberg

Zahl der Beschäftigten: mehr als 200

Fuhrpark: Eigener Logistikbetrieb FGS Getränke Service GmbH, mehr als 22 Lkw

Internet: www.fuerstenberg.de

Schon der imposante Name der Brauerei aus dem Schwarzwald weist auf eine lange Tradition hin. Eine erste Braustätte der Familie Fürstenberg nimmt 1705 ihre Arbeit auf, das Braurecht für die Region hat sie bereits seit 1283. Fürstenberg wird eine der ersten Versandbrauereien in Deutschland und bezieht auch schon sehr früh Lkw. Auf dem kleinen Bild ist ein Mercedes-Benz L 2500 von 1929 zu sehen. Das große Bild zeigt den Brauereihof mit dem Fuhrpark um das Jahr 1928. Alle Lastwagen sind von Daimler-Benz (ab 1926) oder noch von Benz wie die Fahrzeuge im Hintergrund mit Speichenrädern. Bis 2004 befindet sich die Brauerei in Familienbesitz.

Fotos: Daimler AG Archive und Sammlung (2)

Fürstenberg-Bräu
Fürstenberg-Bräu
Fürstenberg-Bräu
Fürstenberg-Bräu
Fürstenberg-Bräu
Fürstenberg-Bräu
Fürstenberg-Bräu

Kulmbacher Brauerei AG

Sitz der Brauerei: Kulmbach

Zugehörigkeit (Gruppe/Konzern): Kulmbacher Gruppe

Gründungsjahr: 1846 (Reichelbräu)

Biermarken heute: EKU, Mönchshof, Kapuziner, Kulmbacher Edelherb

Vertriebsgebiet: Je nach Marke zum Teil regional Franken und Niederbayern, zum Teil Bundesrepublik Deutschland flächendeckend

Zahl der Beschäftigten: k.A.

Eigener Fuhrpark: k.A.

Internet: www.kulmbacher.de

Als „Heimliche Hauptstadt des Bieres“ bezeichnet sich der Bierstandort Kulmbach gern. Gleich mehrere Brauereien mit Tradition bilden das Fundament der Kulmbacher Brauerei AG innerhalb der Kulmbacher Gruppe, zu der weitere Betriebe in Bayern und Sachsen gehören und die insgesamt rund 1000 Menschen Lohn und Brot gibt. Auf dem großen Bild ist ein originell lackierter Lastwagen aus dem Jahre 1929 zu sehen, ein Mercedes-Benz L 45 für die Dresdener Filiale der Ersten Kulmbacher Actien Brauerei. Das andere Bild zeigt den gut bestückten Hof der Mönchshofbrauerei Mitte der 1960er Jahre mit interessanten Fahrzeugen wie Hanomag Markant, Mercedes-Benz LP 329, Henschel HS HS-125 T und Opel Blitz.

Fotos: Daimler AG Archive und Sammlung, Bayerisches Brauerei- und Bäckermuseum e.V.

Erste Kulmbacher
Actien Exportbier-Brauerei, Filiale Dresden, Laurinstr. 1 Fern-ruf: 20107
Mitnehmen von Personen streng verboten

LICHER PRIVATBRAUEREI IHRING-MELCHIOR GMBH

Sitz der Brauerei: Lich

Zugehörigkeit (Gruppe/Konzern): Bitburger Braugruppe GmbH

Gründungsjahr: 1854

Biermarken heute: Licher Pilsner, Licher Export, Licher Leicht, Licher Isotonisch Alkoholfrei, Licher Weizen Hefe hell, Licher Radler, Licher x^2 Cola, Licher x^2 Holunder und Licher x^2 Fresh Lemon.

Vertriebsgebiet: Hessen

Zahl der Beschäftigten: k.A.

Eigener Fuhrpark/Zahl der Zugfahrzeuge/Lastzüge: Nein

Internet: www.licher.de

Im Bundesland Hessen kennt das Bier aus Lich bei Gießen nahezu jeder, außerhalb nur wenige. Die heute zur Bitburger Braugruppe gehörende Brauerei hat sich ganz auf ihre Heimatregion konzentriert und spielt in Hessen eine führende Rolle. Zum Auftritt der Brauerei gehören auch ein prächtiges Pferdefuhrwerk und ein restaurierter Lastwagen Magirus-Deutz von 1927. Die Bilder zeigen einen sehr frühen NAG der Brauerei Ihring, einem der beiden Stammbetriebe, die sich 1922 zusammenschlossen. Auf dem zweiten Bild stehen ein Mercedes-Benz L 5000 aus Nachkriegs- und ein gut erhaltener (oder wieder aufgebauter) Mercedes-Benz L 3000 aus Vorkriegsproduktion an der Rampe. Der Ausschnitt aus dem stolzen Fuhrpark auf dem dritten Bild sieht zwei Mercedes-Benz LP 322 neben zwei MAN 620 L, zwei Mercedes-Benz L 3500 und einem weiteren MAN.

Fotos: Licher Privatbrauerei (3)

Radeberger Exportbierbrauerei

Sitz der Brauerei: Radeberg	
Zugehörigkeit (Gruppe/Konzern): Radeberger Gruppe KG	
Gründungsjahr: 1872	
Biermarken heute: Radeberger Pilsner	
Vertriebsgebiet: Bundesrepublik Deutschland flächendeckend, international punktuell	
Zahl der Beschäftigten: ca. 250	
Eigener Fuhrpark: Keiner, Kunden holen Ware selbst ab (Rampenbrauerei), außer 1 Lastzug MAN TGA, 1 MAN L 2000, mehrere Mercedes-Benz Sprinter für Fest- und Eventgeschäft	
Internet: www.radeberger.de	

Als der auf dem Foto links unten abgebildete Daimler-Lastwagen im Jahre 1915 ausgeliefert wurde, hatte die Biermarke aus Radeberg bei Dresden bereits Weltruf. Als erste deutsche Brauerei bot sie ausschließlich ein Bier nach Pilsner Art an und schon 1885 hatte sich das Exportgeschäft so weit entwickelt, dass sich der Betrieb in „Radeberger Exportbierbrauerei" umbenannte. In bis zu 87 Länder wurde das Bier zeitweise geliefert. Der Mercedes-Benz auf dem Bild rechts unten ist ein L 45 und stammt aus dem Jahre 1929. Ungewöhnlich für die Zeit ist die auffällige Beschriftung. Im Laufe der Jahre gehörten sehr interessante Fahrzeuge zum Fuhrpark wie der Csepel D 450 aus Ungarn, der auf dem Foto aus den frühen 1960er Jahren mit einem Tankauflieger zu sehen ist. Der gute Ruf von Radeberger Pilsner hat auch die 40 Jahre DDR nachhaltig überdauert: Nach der deutschen Vereinigung kam die Brauerei zur Binding-Gruppe in Frankfurt/Main, die sich im Hinblick auf den klangvollen Namen aus Sachsen im Jahr 2002 in Radeberger Gruppe umbenannte.

Fotos: Daimler AG Archive und Sammlung (2), Deutsche Fotothek Dresden

Radeberger
EXPORTBIERBRAUEREI
RADEBERG
YK 85-75

Radeberger Pilsner

Quellennachweis

Bücher

Deutscher Brauerbund (Hrsg.), Statistischer Bericht, Bad Godesberg/Berlin, verschiedene Ausgaben

Ellerbrock, Karl-Peter, Das Dortmunder U, Dortmund 2010

Ellerbrock, Karl-Peter, Von Elektromobilen und Stahlspundwänden: Quellen zur Technikgeschichte im Westfälischen Wirtschaftsarchiv in Bleidick, Dietmar/Rasch, Manfred (Hrsg.), Technikgeschichte für das Ruhrgebiet, Essen 2004

Georgano, G.N., The complete Encyclopedia of Commercial Vehicles, USA, ca. 1980

Hesse, Karl-Heinz, Alle Lastwagen von Henschel, Köln 1996

Hesse, Karl-Heinz, Alle Lastwagen von Krupp, Köln 1994

Kirchberg, Peter, Technik und Verkehrswirtschaft der Lastkraftwagen in Deutschland bis zum Ende der 30er Jahre in Niemann, Harry/Hermann, Armin (Hrsg.), 100 Jahre LKW, Stuttgart 1997

Oswald, Werner, Mercedes-Benz Lastwagen und Omnibusse, Stuttgart 1987

Oswald, Werner, Lastwagen, Lieferwagen, Transporter 1945–1988, Stuttgart 1989

Regenberg, Bernd, Das Lastwagen-Album Magirus, Brilon 2005

Rohde, Heidi, Transportmodernisierung oder Verkehrsbewirtschaftung? Die verkehrspolitische Auseinandersetzung um die Expansion des Lkw-Verkehrs in den 30er Jahren in Niemann, Harry/Hermann, Armin (Hrsg.), 100 Jahre LKW, Stuttgart 1997

Röcke, Matthias, Lastwagen und Omnibusse von MAN, Königswinter 2001

Tappe, Heinrich (Hrsg.), Brauerei Museum Dortmund, Dortmund 2006

Verband der Automobilindustrie (Hrsg.), Tatsachen und Zahlen, versch. Ausgaben

Zeitschriften

Historischer Kraftverkehr, Willich, verschiedene Ausgaben
Lastauto Omnibus Katalog, Stuttgart, verschiedene Ausgaben
Tageszeitung für Brauerei, verschiedene Ausgaben

Archive

Archiv des Bayerischen Brauerei- und Bäckereimuseums Kulmbach e.V.

Archiv Historischer Kraftverkehr, Willich

Archiv Iveco Magirus AG

Bayerisches Wirtschaftsarchiv, München

Daimler AG Archive und Sammlung, Stuttgart

Historisches Konzernarchiv MAN Nutzfahrzeuge, München

Westfälisches Wirtschaftsarchiv, Dortmund

Die Angaben zu Gründungs- und Schließungsdaten von Brauereien stammen von

www.bierdeckelsammler.net
und sind ohne Gewähr.

Internetadressen:

www.archive.nrw.de
(Westfälisches Wirtschaftsarchiv Dortmund)

www.bayerisches-brauereimuseum.de (Kulmbach)

www.bierdeckelsammler.net

www.brauerbund.de

www.bwa.findbuch.net
(Bayerisches Wirtschaftsarchiv München)

www.museumdortmund.de

www.daimler.com

www.ewers-online.de

www.iveco.de

www.kempf-fahrzeugbau.de

www.man-mn.com

Hinweis zu den Fotoquellen:

Die Urheber (Fotografen und/oder Archive) sind den jeweiligen Abbildungen zugeordnet. Außerdem: Abbildung Seite 4: Westfälisches Wirtschaftsarchiv Dortmund, Fotos Seite 6 Daimler AG Archive und Sammlung (2), Scania Deutschland GmbH, Seite 7 Westfälisches Wirtschaftsarchiv Dortmund, Archiv Radeberger Exportbierbrauerei. In einigen Fällen ließ sich die Urheberschaft trotz intensiver Recherche nicht vollständig ermitteln. Hinweise dazu werden dankbar entgegen genommen.